U0299063

数据不说谎

大数据之下的世界

城市数据团◎编著

清华大学出版社

北 京

内 容 简 介

这是一本让你"脑洞大开"的图书，让你尝试从大数据角度来解读这个世界，你会发现，有些问题，和你的直觉完全不一样。本书内容分为三部分：第一部分可概括为"脑洞大开"，以淘宝、旅游、餐馆取名等不同的角度切入，说明数据可以用于做许多有趣的事情；第二部分为数据与工作，包括公务员、二三线城市的衰落、创业等若干热门话题；第三部分为数据与生活，包括用数据帮助理解生活现象、用数据挖掘生活中的趣味，以及用数据看房市三个专题。

本书既适合大中专学生作为开阔眼界、拓展思维、帮助学习之用，也适合职场人士提升技能、辅助工作决策所用，是一切数据思维爱好者不可多得的好书。

图书在版编目（CIP）数据

数据不说谎：大数据之下的世界/城市数据团编著. —北京：清华大学出版社，2017
（2017.9重印）
ISBN 978-7-302-46629-1

Ⅰ．①数…　Ⅱ．①城…　Ⅲ．①数据处理　Ⅳ．①TP274

中国版本图书馆 CIP 数据核字（2017）第 030992 号

责任编辑：刘志彬
封面设计：汉风唐韵
责任校对：宋玉莲
责任印制：杨　艳

出版发行：清华大学出版社
　　网　　址：http://www.tup.com.cn，http://www.wqbook.com
　　地　　址：北京清华大学学研大厦 A 座　　邮　　编：100084
　　社 总 机：010-62770175　　　　　　　　邮　　购：010-62786544
　　投稿与读者服务：010-62776969，c-service@tup.tsinghua.edu.cn
　　质量反馈：010-62772015，zhiliang@tup.tsinghua.edu.cn
印　装　者：北京亿浓世纪彩色印刷有限公司
经　　销：全国新华书店
开　　本：170mm×240mm　　印　张：20　　字　　数：318 千字
版　　次：2017 年 6 月第 1 版　　　　　　印　　次：2017 年 9 月第 3 次印刷
定　　价：69.00 元

产品编号：070835-01

前言　我们在用数据做什么

在这本书的最开始,我们想要提出这样一个问题:

谁最了解你?

是自己?

是配偶/恋人?

是父母/子女?

是同学/同事/朋友?

毫无疑问,以上几种人都存在于我们的生命中。

但是,跟"它"比起来,以上几种人对我们的了解恐怕都不够全面和客观。

没错,"它"就是手机,与我们形影不离的手机。

看看你手机上的那一大堆 APP——

微博和朋友圈知道,你今天心情好不好。

支付宝知道,你买了什么东西、花了多少钱。

微信和 QQ 知道,你都有哪些朋友,你跟哪些朋友的交流更密切。

豆瓣、知乎、每日头条知道,你都喜欢浏览哪些帖子和新闻。

虾米和酷狗知道,你喜欢听什么歌。

优酷和 B 站知道,你喜欢看什么视频。

饿了么和美团知道,你喜欢什么菜系和口味。

……

就算你什么 APP 也没装，只要你有一部手机，"它"就知道你什么时候工作，什么时候休息，知道你去了哪里，待了多久。

在手机面前，我们简直无所遁形。手机所知道的你，可能比你所知道的自己，更为真实。

而这些，都是我们自己告诉手机的。我们的每一次浏览、点赞、评论、下单、聊天，都以数据的形式被记录、被沉淀，最终塑造出了我们自己。

所以，请不要被"大数据""开放数据""数据挖掘""深度学习""神经网络""云计算""DMP"等奇奇怪怪的词汇所吓倒。我们每个人每天的生活起居、衣食住行，都在产生数据，并享受着数据给我们带来的便利服务。

事实上，数据已经和我们的视觉、听觉、触觉一样，成为了帮助我们去了解自己、了解他人、了解事物的重要方法。

与其他信息源相比，数据更有可能提供全面和客观的信息，从而帮助我们更快速和高效地了解问题、解决问题。

例如，你母亲催你去相亲，并提供了 100 位相亲者的资料。显然，你不可能一个个把他们约出来见面，一个个去了解和评价他们——你甚至都不可能仔细读完这 100 份资料。

我们通常的做法是，设立一些限制条件，对年龄、身高、学历、收入等进行筛选，再逐份阅读符合条件的相亲者的资料，直到将相亲对象数量减少到个位数。如此，我们的相亲效率就大大提高了。

然而，在享受数据给我们带来的高效便利的同时，我们还必须意识到：数据分析只能提供结果，不能提供结论；数据之所以能做许多事情，是因为使用数据的人做了很多的思考。

例如，2013 年，Amazon Studios 和 Netflix，美国的两家传媒公司，都对自己网站上客户的视频浏览行为进行了分析。接受分析的浏览行为包括客户看了什么视频、什么时候看的、在何处暂停、在何处跳过、在何处反复观看、给视频的评分等。

根据数据分析的结果，两家公司一致认为观众会对政治主题感兴趣，但在视频的体裁、制作等方面则有着完全不同的认知。而后，Amazon Studios 推出了由四位议员作为主角的情景喜剧，Netflix 则推出只有一位议员作为主角的电视连续剧。前一部作品名为《阿尔法屋》(Alpha House)，观众反应平平；后一部作品则是风靡一时、获奖无数的《纸牌屋》(House of Cards)。

所以,即使在一个"大数据"炙手可热、喧嚣尘上的时代,人仍然是主体,是人的智慧让数据具有了价值。

我们,城市数据团的小伙伴们,就是这样一群人:利用数据去了解城市的发展、挖掘城市生活中有趣的故事。对我们而言,数据是帮助我们认识城市的工具、帮助我们在城市里更好地生活的工具,而通过数据发现的东西才是价值和乐趣所在。我们乐意将这些发现拿出来共享。

本书由城市数据团组织编写,并写作了本书的大部分章节。城市数据团的主要成员包括高路拓、汤舸、王咏笑、王宇鹏等。参与了本书部分章节写作的其他数据团成员和合作伙伴包括(按文章收录顺序):

陈宇佳(1.1.2)、郭斌亮(1.2.1)、陈至奕(1.2.3/2.1.1)、冯里婧(2.1.2)、钱骏杰(3.1.2)、张慈(3.1.3)、曹新(3.1.5)、曹湛(3.2.4)、韩旭(3.2.5)、方娴(3.3.1)、张健(3.3.2)、衣霄翔(3.3.3)、陈晨(3.3.4)。

除写作团队之外,感谢以下机构对本书内容提供了数据支持和技术支持(按文章收录顺序):

- 银联智惠信息服务(上海)有限公司(1.1.1/3.1.1/3.2.3)
- 滴滴大数据研究中心(1.2.2/3.2.2)
- 小猿搜题(2.1.1)
- BDP 个人版(2.1.2/3.1.4)
- TalkingData(2.1.4/3.2.2/3.2.4)
- 阿里研究院(2.2.1)
- 大众点评研究院(2.2.2/3.1.2/3.1.3/3.2.5)
- 上海道融自然保护与可持续发展中心(3.1.5)
- 同策房产咨询(3.3.1)

本书由城市数据团这个活跃在互联网上的大数据团队完成。如果您看完本书以后,能够增加一些对这个数据时代的了解、愿意去热爱数据和使用数据,将是对我们莫大的鼓励。

城市数据团

2017 年 3 月

目 录

第 1 章

数据，另一种视角 // 001

第 2 章

数据之于工作 // 067

第 1 章

数据，另一种视角

你消费吗？旅游吗？上班吗？

你知道别人是怎么消费、怎么旅游、怎么上班的吗？

我们对于世界和城市的认知，往往来源于自己和身边其他人的生活经验。

所以，我们的认知往往是主观化和碎片化的。

但是，当我们拥有了"数据"这个工具的时候，我们就获得了重新认识世界的机会。

1.1 数据之下的中国

本节内容主要涉及一个主题：如何脑洞大开地搜集和利用各种数据，以非常规的方式呈现出中国经济发展的三个截面。

数据之下的中国，是一个让你既熟悉又新鲜的中国。

1.1.1 2015 年，中国人是怎么花钱的

在一波接一波的寒潮侵袭之后，期盼已久的春节假期终于到了。

同事同学们纷纷放假回家，连亲爱的学姐也不在上海，只留我一个人凄冷地坐在工作台前，独自迎接假期前最难熬的几天。

一个人的时候，总是会想很多。

是的。回首即将逝去的羊年，我感慨万千。虽然不出意外地又（为什么要加一个又字呢）穷困潦倒地度过了漫长的一年，但幸运的是在这期间认识了不少天南海北的朋友。

因此，虽然还在孤独地加班，但我仍然心系着祖国人民，安静地准备完成春节前的最后一项数据工作：

年度全国消费数据总盘点。

好吧，问题来了——

Q1：2015 年，全国人民到底花了多少钱？

2015 年全球范围内可使用银联卡商户共 3 390 万家，ATM 共 200 万台，境外共发行银联卡 5 200 万张。

根据刷卡交易统计，2015 年全年，全国人民的刷卡交易总金额达到 53.9 万亿元。

53.9 万亿元，是个什么概念呢？

我们可以想象一下：如果把这 53.9 万亿元全换成 100 元的人民币钞票，并将其一张一张紧挨着排列起来的话，这些钱大概可以绕地球赤道 2 100 圈；从地球排到太阳的话，可以走一半多一点的路程。

假如这还想象不出来的话，我们可以换个角度来看：

根据国家统计局的数据，2015 年，全国 GDP 总额约为 67.7 万亿元。也就是说，仅是刷卡消费，全国人民就刷掉了年度国内生产总值的 79.6%。

亲爱的，你 2015 年创造了多少 GDP？又刷掉了多少份额呢？

算好了吗？

好的话，我们不妨再来研究一下第二个问题，看看你的消费和全国总体水平相比如何呢？问题来了。

Q2：这 53.9 万亿元，都是怎么花掉的呢？

首先，让我们来看看这些钱是在什么时间内被花掉的呢？

我们统计了境内日均刷卡的交易金额，并将其细分到每一个小时。2015
年日均逐小时交易曲线见图 1-1，银联卡交易类型占比见图 1-2。

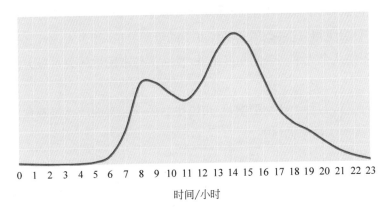

图 1-1 日均逐小时交易曲线

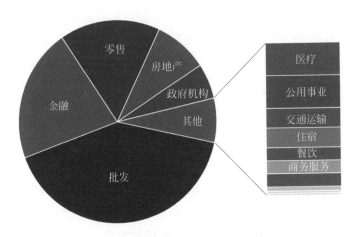

图 1-2 2015 年银联卡交易类型占比

假如我们把 2015 年全年浓缩到一天来看的话，可以发现：14：00～15：00
和 8：00～9：00 是全国人民刷卡的高峰时段，分别占全天交易总额的 12%
与 8%。

亲爱的，你的卡是不是在这个时段内被刷爆的呢？

看完了交易时间，我们再来看一下交易的类型。我们将年度刷卡交易总
金额分配到交易类型上，如下所述。

（1）从全国尺度上来看，最多的刷卡交易金额发生在批发行业，份额第

一，大概可以购买 16 个阿里巴巴。

（2）份额第二的是金融行业，大概可以购买 7 个中国工商银行。

（3）份额第三的是零售行业（俗称买买买），大概可以购买 5 个沃尔玛。

也许你会觉得，这种全国宏观尺度上的消费特征，和个人没什么关系。那么，我们不妨从个人消费者的角度出发，看一下与市民生活关系最大的消费门类吧。

一般而言，各种消费类型中，与市民生活关系最大的应该是衣食住行金融教育六个大类。结果如何呢？

（1）排名第一：金融。毫无悬念。

（2）排名第二：住房。其交易总额大约是金融类的三分之一。

（3）排名第三：旅游。虽然交易总额排名第三，但也不过是住房类的零头而已。

（4）排名第四：衣（衣物类零售）。其总额大约是旅游的三分之一。

（5）排名第五：吃（餐饮）。交易总额与衣物类零售不相伯仲。

（6）排名最后：教育。其交易总额大约是餐饮的 70%。没错，这个结果毫不意外、发人深省。

亲爱的，你的消费结构和全国人民相比，究竟怎样呢？

每个人的消费结构自然千奇百怪。

且不说个人，即使从省市的角度上去区分，也可以看到消费结构上的巨大差异。我们来看看：

Q3：全国各省的消费结构有什么样的偏好呢？

我们仍然将数据聚焦在衣物、餐饮、住房、旅游、金融和教育六个大类上。然后将各类消费金额占总消费金额的比例作为消费偏好的核心指标，分配到各省，可以得到以下结果。

（1）衣物类消费偏好前五名省市：云南、浙江、甘肃、山西、湖北。

想必云南四季如春，民族众多，姑娘们想怎么打扮就怎么打扮吧。见图 1-3。

（2）餐饮类消费偏好前五名省市：海南、上海、西藏、宁夏、北京。

吃货集聚在上海、北京，这点毫不意外。但没想到海南、西藏、宁夏等边远地区的吃货能量同样惊人，见图 1-4。

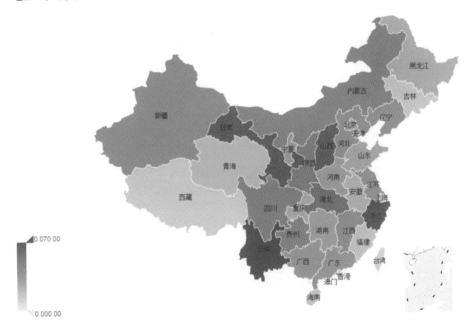

图1-3　各省衣物类消费占比

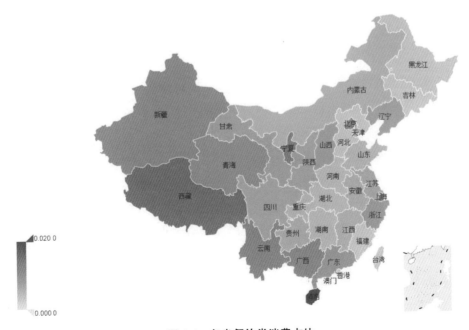

图1-4　各省餐饮类消费占比

（3）**住房类**消费偏好前五名省市：海南、四川、贵州、北京、安徽。

非常出乎意料的，前三名竟然不是以高房价著称的北上广哦！看来虽然北上广的绝对房价居高不下，但从真实的消费结构上，海南和四川的房价水平也不容小觑。相比北京排名第四，而上海甚至都没有挤进前五，见图1-5。

图1-5　各省住房类消费占比

（4）**旅游类**消费偏好前五名省市：西藏、海南、青海、新疆、云南。

从图1-6可以看到，西部的旅游消费偏好明显高于东部。而排名前五的省市，也都是以旅游胜地著称的地区。

（5）**金融类**消费偏好前五名省市：福建、重庆、广东、湖南、上海。

从图1-7可以看到，我国东南地区在金融类消费偏好中可谓一枝独秀，福建省拔得头筹。排名前五的省市中，上海市已经是最北方的地区了。

（6）**教育类**消费偏好前五名省市：陕西、四川、北京、海南、湖南。

从图1-8可以看到，陕西省、四川省在教育类消费上的偏好明显高于全国其他地区。我在想，这些地方的孩子们是不是从幼儿园就开始上补习班了？

说明一下：本书消费数据中没有统计到中国台湾地区的数据，所以地图上台湾地区的颜色与其他省市不同。

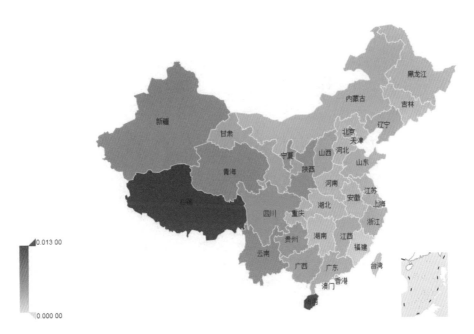

图 1-6　各省旅游类消费占比

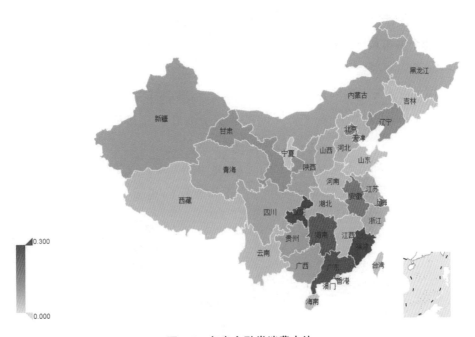

图 1-7　各省金融类消费占比

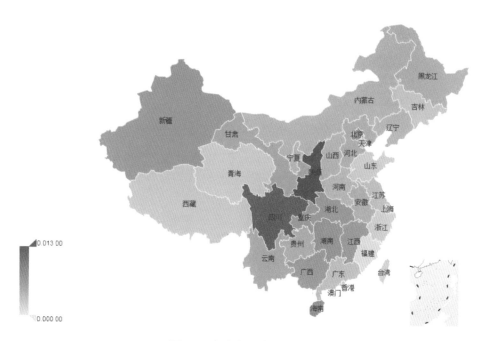

图 1-8　各省教育类消费占比

看完各省的比较，我们不妨再来聚焦北上广深四个一线城市的情况。

哪个城市最土豪呢？

从卡均消费金额的平均数来看，

深圳市人民卡均消费金额达到 11.7 万元，高居首位；广州市以 7.6 万元居第二位；而上海市以 6.4 万元的微弱优势战胜北京市的 6.3 万元，位居第三。

在感叹深圳市人民真土豪的同时，你是不是发现自己又拖后腿了？没关系，我们再来看看中位数，这次数字就变得和谐多了，见图 1-9。

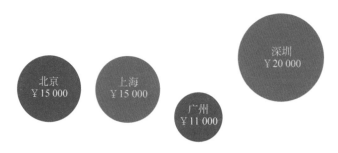

图 1-9　2015 年四大城市卡均消费金额（中位数）（单位：元）

深圳市人民卡均消费的中位数金额达到 20 000 元,仍然居首,北京市、上海市以 15 000 元并列第二,而广州市则以 11 000 元收尾。

顺便说一句题外话:从刷卡消费特征上看,四个城市的市民最爱的**餐饮品牌**也截然不同。

(1) 北京市民最爱海底捞,热气腾腾的火锅既热闹又抵御寒气。

(2) 上海市民则最爱王品,上海市民依然很小资,对牛排情有独钟。

(3) 广州市民最爱百胜(肯德基、必胜客的老东家),原来除了当地特色美食,肯德基、必胜客等西式快餐同样也受市民欢迎。

(4) 深圳市民则最爱春满园,经典粤式老牌餐厅还是深深地征服了深圳人民的胃口,让其他外来饮食逊色不少。

以上,我们盘点了全国刷卡总交易、各类型及各省市交易的特征。接下来,我们聚焦进入一个更核心的问题:

Q4:2015 年,都是哪些人在花钱呢?

我们以上海为参照吧。

我们选出了常住城市在上海、一年中刷卡交易笔数在 20 笔以上的银行卡 50 万张,作为研究的样本。并按照性别、年龄将持卡人分为 6 组,统计其在零售方面的消费特征。

结论来了:

男性花钱多、**老人花钱多**。

首先,我们不区分消费类别,计算出各个分组的刷卡交易总金额,得到图 1-10。

从交易总金额来看,各个分组之间的差异并不太明显,但仍然可以看到:

(1) 消费最多的是老年男性,其次是中年男性和青年男性;

(2) 而在女性组中消费能力最强的中年女性,其消费份额也没能超过男性组中份额最小的青年男性。

这不科学啊! 难道女性的花钱能力还不如男性?

我们再计算出每个组别的人均(取中位数,下同)刷卡交易金额,见图 1-11。

没错,无论在哪个年龄组,男性的人均交易金额都比女性要高。

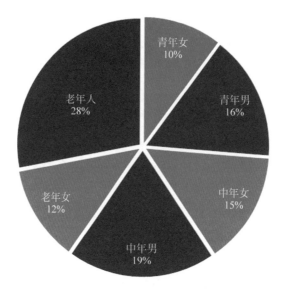

图 1-10　2015 年交易金额的年龄性别分布

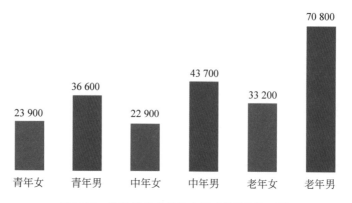

图 1-11　各组持卡人年均交易金额（单位：元）

另外，可怕的是，随着年龄的增长，男性会花得越来越多！

为什么会这样？

不着急，我们将每个组别按照消费类型再次抽取。然后比较一下各组零售消费（俗称买买买）占总交易金额的比例，就可以得到下面这张与总交易情况截然相反的图（见图 1-12）。

从零售消费占总交易金额的比例来看，无论哪个年龄组，女性的比例都明显高于男性。而且无论男女，随着年龄的增大，这个比例都在显著地降低。

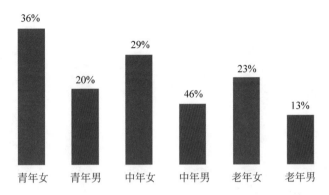

图 1-12　各组持卡人年均零售交易额占总交易额的比例

的确，就零售而言，女性才是主力。然而，虽然你会在商场里看到很多拎着大包小包的小姑娘，但请不要被这些假象所欺骗。

逛商场买买买所花掉的，始终只是小钱而已。

真正能刷卡消费的，仍然是男人，而比男人还更能刷卡消费的，则是那些你在商场里看不到的老男人。

不要紧，是男人就总会老去，关键在于，未来又会怎样？

探讨未来的话，我们不妨加入一个隐藏在年龄和性别分组的迷雾之中，未加区分且表征未来的要素。

那就是：信用卡。

没错，让我们再来研究一下：

Q5：2015，你的钱是从信用卡上花出去的吗？

仍然使用上一组数据，但这次我们将其所持有的卡的类型分为信用卡和储蓄卡两种。在加入卡类型这个变量以后，持卡人自然地分为 12 组。

我们将以上分组按照卡类型分为两堆，可得到图 1-13。

从年龄分布来看，储蓄卡用户中老年化程度更高，而信用卡用户更年轻化。

那么，交易金额呢？

我们再来分别比较各个组的年交易金额，可见图 1-14。

从图 1-14 中可以看出以下内容。

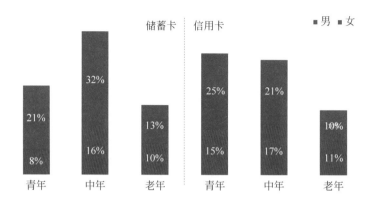

图 1-13 不同类型卡用户性别年龄分布

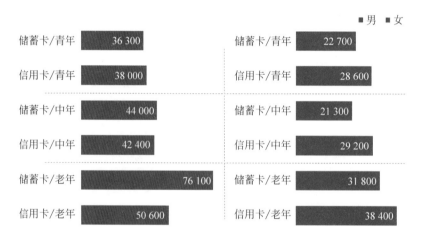

图 1-14 不同类型用户年均交易额（单位：元）

（1）对女性而言，相同年龄段的信用卡用户要比储蓄卡用户花钱略多一些，这一差异在各个年龄组的分布是稳定的。

（2）而对男性而言，青年和中年组的信用卡和储蓄卡用户的消费差异并不明显，而老年男性的储蓄卡年均交易额则远高于信用卡（老男人的实力显现出来了）。

但是，如果我们聚焦零售，不同卡用户的消费情况差异将变得非常明晰，请看图 1-15。

是的，结论非常清晰。

总体而言，在零售消费中，人们用信用卡刷出去的钱是储蓄卡的 3 倍。

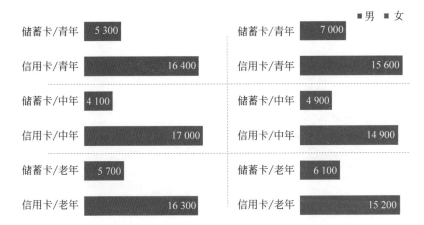

图 1-15　不同类型用户年均零售刷卡消费额（单位：元）

假如区分性别进行观察的话，我们可以发现，男性在信用卡消费上的热情甚至超过女性：

女性办了信用卡，与储蓄卡相比，一年在零售上要花 2.7 倍的钱；而男性在同样的行为上则达到了 3.4 倍！

因此，我们可以认为：

当你沉迷消费的时候，你既不用为自己是男性仍疯狂购物而感到羞愧，也不用为自己的年龄上涨仍狂热购买而感到忧虑。在购物这件事上，无论你是男性还是女性，年轻还是成熟，其实并无区别。而唯一能区别的，只是在于你是否有一张能支撑你刷刷刷的卡。

仅此而已。

当我准备关上计算机，结束本期盘点的时候，突然想到：以上盘点都是针对国内消费的。

然而，俗话说，有人的地方就有中国人。

我觉得有必要再看看：

Q6：中国人在海外都买了啥？

要想知道中国人在海外都买了啥，先要知道中国人都去了哪儿。

统计结果显示，从交易总金额来看，中国人最爱的海外消费地是**中国香港、澳门、台湾地区，日本、韩国和泰国**。

　　具体而言，境外交易中，53％发生在中国香港、澳门、台湾地区，15％发生在日本和韩国，欧洲仅占10％。

　　具体来看海外交易金额在全球的分布，见图1-16。

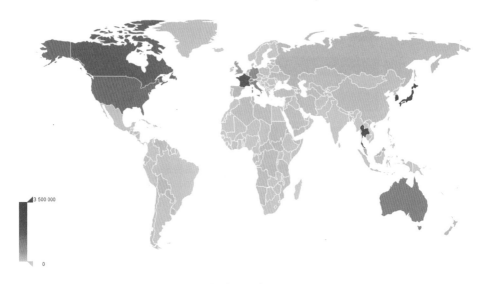

图 1-16　2015 年中国人海外交易金额分布

　　泰国作为中国人最爱海外消费地前 10 中的唯一发展中国家，除了美食美景以外，也跟各种影视作品频频在泰国取材有关吧。

　　那么，好不容易出一趟国，都买了什么呢？见图 1-17。

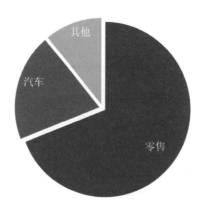

图 1-17　境外消费金额按大类分布

　　第一名：零售。意料之中。

第二名：汽车。OMG，真是让人大感意外呢！海外自驾、租车、购车潜力巨大呀。

然而，由于我买不起车，更买不起进口车，我决定还是重点关注一下零售。

海外零售，国人都买了什么？

以中国香港、澳门、台湾地区为例，我发现零售消费总金额最高的五大类商品为：**金银珠宝、服装箱包、通信设备、家用电器、化妆品**。

看来，抢奶粉的大陆人毕竟还是没有抢 iPhone 的多呀。

再看看境外其他地区的零售交易情况，与中国香港、澳门、台湾地区大致相同，但也有一些有趣的差异。

例如，在欧洲，办公用品高居中国人零售交易金额的第一位；在美国、加拿大，音像制品和书店排名相当靠前；而在日本、韩国和中国澳门、新加坡，糖果零食则非常受欢迎。

是不是工作狂、小清新和吃货在出国旅游的目的地选择上有所差异呢？

最后，我鼓起勇气，窥探了一个我从未涉足的领域：奢侈品。

啊，CHANEL、LV 果然是非常受国人欢迎的呢。

虽然，跟我并没有什么关系。

盘点至此，算是大功告成了吧。

我关上计算机，从包里取出了自己心爱的信用卡，在灯下前后翻看。

它正面五颜六色的图案已被磨花，露出塑料本身的灰白，记录着岁月的沧桑，卡背面的签名已然模糊，连黑色的磁条上也若隐若现出清晰的浅色划痕。

我看着这张陪伴我刷遍上海各大商场的爱卡，似乎明白了"又"被自己度过的那一整年穷困潦倒的原因。

我轻轻地抚摩着这张卡，内心百感交集。

卡呀卡，虽然你的外表一如我的内心，然而世界那么大，我还是想带你去看看。

1.1.2　游遍全国，我们的假期够吗

十一长假到了，我收拾行李正准备回家。学姐忽然出现了。

她兴奋地说："小团，我决定来一次说走就走的旅行。"

我鼓掌说："学姐好棒！你要去哪呢？"

她说："说走就走嘛，不能有特定的目的地，但为了不留下遗憾，**我决定要游完全国所有的风景名胜、名山大川，一个不漏。你帮我算算要花几天时间？**"

我为难地说："学姐你这道题好复杂，可我现在要回家了，再晚一点就赶不上火车了。"

学姐真诚地说："对啊，那你就快点算一下嘛，别误了火车啊。"

既然学姐这么"真诚"，我就勉为其难地在赶火车之前做一个简单的计算吧。

我国有哪些风景名胜和名山大川呢？

我们登录一下国家旅游局的网站，查询出中国所有的 5A 级景区，假设这些景区就是学姐口中的风景名胜和名山大川，那么把这些景区放到地图上，见图 1-18。

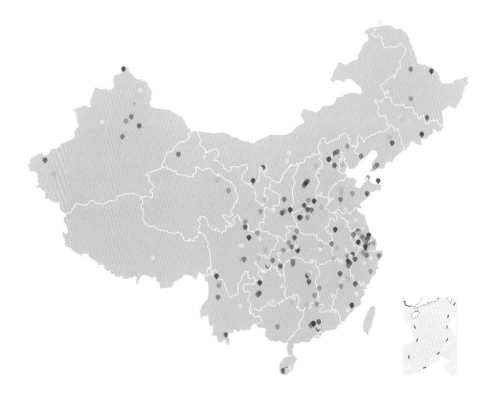

图 1-18　全国 5A 级景点分布

可以看到，5A 级景区在中国大陆的 31 个省市自治区都有分布，而最密集的地方有三个：北京市及其附近、江浙沪包邮国以及西安—河南西北部的中原腹地。

学姐看着图说："很好，那你快算算玩完一圈要多久呢？"

这个问题其实是数学中经典的旅行商问题。在本题的要求下，要想通过遍历所有可能的路线来找出最优解，即使用现在世界上最快的计算机也要好多亿年才能算出来。然而我还急着赶火车呢，所以只能采用近似算法——用什么近似算法呢？

老师说过："什么都不懂就神经网络，什么都不会就遗传算法。"

所以我决定采用遗传算法。而用遗传算法求解的基本思路如下所述。

第一步：确定目标和约束条件。

根据学姐的要求，本题的目标是"找出总游览时间最少的路线"。

而约束条件是游遍所有景点且每个景点只去一次（我猜测学姐不愿意走回头路）。

同时，考虑到学姐虽然身体很好，但是游玩也不能太累，我们又增加了一个约束条件：每天花在景点间交通和景点游览的时间总和不能超过 12 个小时。

学姐，我给你留了 12 个小时用于吃饭睡觉上厕所及其他活动。

这样，第一步就算完成了。

第二步：计算出任意两个景点之间的代价，建立代价矩阵。

在学姐给我的题目中，代价就是时间。因此，这里我们只考虑交通时间和景点游览时间。

先来看交通时间：

由于学姐是突然决定出去旅游的，而国庆期间的机票火车票早已售罄，学姐可采用的交通方式只剩下自驾这一种（正好简化了我的计算）。

如何获取两个景点之间的自驾时间呢？这就要祭出一大神器——百度地图。通过调用百度地图 API，我很快地把数据准备好了。

再来看景点游览时间：

我们不妨假设每个景点至少要玩半天；而某些大型的景点，如故宫、九寨沟、张家界等，至少要玩一天。

这样，代价矩阵也就建立好了，见图1-19。

图1-19　代价矩阵

是的，学姐我知道你其实根本就不想看这个矩阵，因此我把图片调低了精度，即使你点开也是看不清楚的。

第三步：随机生成若干旅游路线，并通过变异产生新的路线，经过数次迭代逼近最优解。

第三步是遗传算法的核心。我用Python写了一小段代码来实现。

通过以上三步，我们终于计算出了最优线路，见图1-20。

这个花花绿绿的路线是什么意思呢？

不同的颜色代表我们计算出的不同旅游区域。假如我们从北京出发的话，游览路线将依次经过"红橙黄绿青蓝紫"的区域。

也就是说，先玩北京及北京周边（红）——沿着山西甘肃青海一路向西玩到新疆西藏（红—橙）——云贵川大吃大玩（橙）——海南看海（黄）——两广两湖（黄—绿）——深入中原腹地（绿）——南下闽赣（青）——江浙沪皖（青—蓝）——山东和东三省（紫）——然后回到北京。

当然，游览方向也是可以改变的。北京出发也可以选择"紫蓝青绿黄橙红"路线，即先玩东三省，最后玩内蒙古、山西，再从西路回到北京。

那么，从其他城市出发，是不是也可以采用这条路线呢？

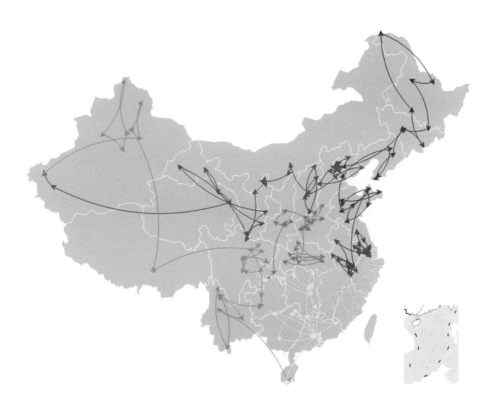

图 1-20　游览线路 1

当然可以。这是一条闭合的环线，无论从哪个点出发，绕一圈都会回到原点。比如，从上海出发的路线是"蓝紫红橙黄绿青"或"青绿黄橙红紫蓝"，广州出发的路线是"黄绿青蓝紫红橙"或"橙红紫蓝青绿黄"。

学姐，无论你何时想走，从何地出发，都可以遵循这条线路。

学姐十分开心，说："太好了小团，一会把这张路线图打印给我。对了，游览完这条路线的话，大概几天呢？"

哦，让我算一下：

根据刚才设定的算法，自驾游遍全国 201 个 5A 级景区，至少需要 1 436 个小时，然后按照"每天交通和游览时间不超过 12 个小时"的条件，可折合为 120 天，也就是 4 个月。

"学姐，一场说走就走、游遍全国风景名胜名山大川且毫无遗漏的旅行只要 4 个月。"

学姐却并没一丝一毫的激动，她冷静地说："小团啊，虽说这个结果挺振奋人心的，但我怎么可能有连续 4 个月的时间出去玩呢？假如，我每次说走就走，都是在国庆和春节期间，每次也就 7 天，这样的话，要多少年才能玩完呢？"

学姐的深思熟虑非常现实。然而，要在算法中实现却比较难。

好吧，那让我们再算一下。

如果我们把"从中心城市出发——游览至少一个景点——回到中心城市"视为一次旅行，那么根据学姐的最新要求，本题的约束条件将变为：

由同一中心城市出发的多次旅行，每次旅行的时间不超过 7 天。

虽然遗传算法对解决这个问题依然适用，却是比较低效的。为了更快地逼近最优解，我需要借鉴梯度下降法写一段小程序，放在遗传算法之前。

现在的解题思路如下所述。

第一步：生成最低效路线。

假设每次旅行只去一个景点，也就是我们需要 201 次旅行。这样显然是非常低效的，但同时可以帮我们去掉一些在现行约束条件下无法到达的景点。

第二步：路线合并。

随机选择一个景点，合并入其他的路线里，将旅行次数减少为 200 次。通过遍历，找出总时间最少的合并方案。

第三步：初始路线生成。

依此类推，将所有可能被合并的路线都合并掉。若某个方案的总时间已达到 7 天，不能再放进新的景点。

第四步：遗传算法优化。

将初始路线放进刚才的遗传算法里优化，得到最终结果。

假设中心城市为北京，那么最优线路见图 1-21。

我们悲伤地发现，无论如何安排，想要从北京出发，七天以内自驾玩完新疆西藏的 11 个景点是不可能的了(注意：我们不鼓励超速驾驶和夜间驾驶)。

那么，去掉这 11 个景点后，学姐需要花费多少个长假，才能游遍其他所有的景点呢？

从北京出发，自驾玩完除新疆西藏以外的 190 个 5A 级景点，假如仅限每

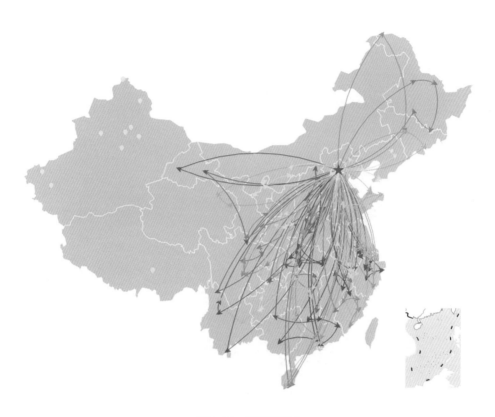

图 1-21　游览线路 2

年国庆和春节出游的话，最少需要 3 958 小时，按"每天交通和游览时间不超过12 个小时"，折合下来需要：23.5 年。

学姐，请你慢慢努力吧，23.5 年之后请告诉我你旅行胜利的消息。

我转身就要出门赶火车，但学姐拉住了我：

"自古美人如名将，不许人间见白头。杨过都等到小龙女了，我却还没遍历过我的'男朋友'（咦，学姐你不是要去景区吗）。小团，你再算一下，要是我坐飞机、动车呢？不差钱！"

我好像明白了什么。

但我马上就要误火车了，算了，就勉为其难地简单回答一下吧。

首先，我从网上找到了省会城市之间的航班和高铁信息，然后综合考虑自驾、飞机、高铁三种交通方式，算出了任意两个景点间的最小交通时间。

学姐说："这样不够科学吧？为什么只找省会，很多地级市之间也有飞机呀。还有普通动车你也没考虑。"

我假装没听见。

简言之，修改一下预设条件，并采用跟之前相同的算法，我们得到了如下的结果，见图1-22。

图1-22　游览线路3

假如学姐综合采用自驾、飞机、高铁等交通方式，仅限每年国庆和春节出游，不计成本，游遍全国所有5A级景区，至少也需要2 597个小时，按"每天交通和游览时间不超过12个小时"的条件的话，总花费时间折合为：15.5年。

算完这个数字，我来不及管学姐了，夺门而出，一路狂奔，抢到一辆出租车，赶到了火车站，前脚踩上火车，后脚车门关闭。我深吸了一口气，决定给学姐发一条消息：

"学姐，说走就走的旅行，其实并不适合你。"

短暂的任性带来的往往是持久的悔恨，旅行并不是忽发奇想，不要着急。人们说：旅行，是一辈子的事。

我觉得这句话很有道理。

不是因为旅行这件事值得花一生去做，而是因为你没有那么多的假期。

1.1.3　淘宝改变了哪些城市

话说周一早上，我第一个来到单位打卡。打开计算机，忽然发现本来整理干净的计算机桌面上竟然多了一个压缩文件。**解压一看，大小竟达 2.15G，吓了我一跳**。咦，是哪位大神趁周末黑了我的计算机给我塞了那么大一个病毒呢？有如此仇怨么？2.15G 的病毒？百思不得其解，我左右环顾一下，还没有同事来，于是以迅雷不及掩耳盗铃之势摁下了 Ctrl＋X，将其剪切到了我的私藏文件夹中。若无其事地开始工作了。

下班后同事陆续回家，我戴上耳机，调低屏幕亮度，打开了我的私藏文件夹，准备继续还未看完的韩剧。但一不小心却瞄到了放在文件夹角落里的那个诡异文件。好奇心忽然开始作祟，我决定奋不顾身地准备打开看看这个 2.15G 的病毒到底是何方神圣。双击。竟然打不开！什么鬼？居然还是 JSON 格式的文件。一怒之下用二十分钟写了个小程序，把这个文件丢了进去。我的破计算机开始疙疙瘩瘩地呻吟，而一个庞大的千万级数据文档露出本来的面目，以下这些文字内容，也都由此而来。

哦，对了，忘了说了，这个"病毒"的文件名是："2014 年 12 月淘宝全网商品数据"。

淘宝改变了哪些城市？

在大众的感知中，淘宝与城市是挂不上边的两个事物。城市是一个涉及空间属性的概念，而淘宝作为一种互联网经济模式，它有空间属性吗？

按照马云的理念，阿里巴巴（淘宝）是一个基于互联网的能够无差别支持商业梦想的伟大虚拟平台。就这个意义而言，淘宝是一种抹平了传统商业的地域属性且彻底颠覆了"产地－渠道－市场"的传统商品交换逻辑的商业模式。

换句话说，淘宝应当是一种去空间化的、相对扁平的、反集聚的商业模式。

那么现实如何呢？见图 1-23。

图 1-23　淘宝商品所在地区

从数据上看，毫无疑问，商品数量的分布并不扁平，反而是高度集聚在少数城市当中，我们将每个城市的淘宝在售商品数量和排名取对数制作出图 1-24。

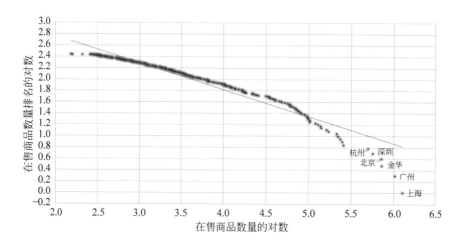

图 1-24　各市淘宝在售商品数量和排名的关系

看到这张图，我们长舒一口气。原来每个城市的淘宝在售商品总数量和其排名，是基本符合齐夫法则的(Zipf's Law)。这也就意味着：

　　淘宝作为一个高度市场化的经营平台，它在空间上自然产生了某种程度的集聚。由于空间上的集聚，使淘宝对城市的影响并不是均衡的，而是对不同的城市有不同程度的影响。

　　在这样一个认识的前提下，问题来了：

淘宝在哪些城市或哪些区域聚集呢？

　　淘宝商品数量分布见图 1-25。

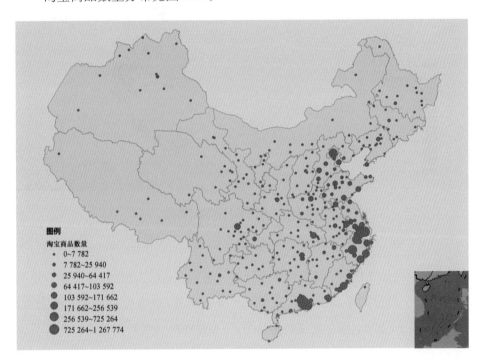

图 1-25　淘宝商品数量分布

　　图 1-25 是淘宝网在卖的商品数量在全国各个地级以上城市的分布。很明显，淘宝的商品数量高度集聚在东部沿海地区。为了观察其空间集聚的程度，我们再用核密度进行分析，得到图 1-26。

　　从图中可以得出以下几个结论：

　　（1）淘宝商品分布的高密度地区仍在东部沿海地区；

　　（2）其中最强的两个区域仍然是"长三角包邮国"与珠三角省港深；

　　（3）北京虽然也较强，但却孤独地矗立在华北平原当中，骄傲地俯瞰着其

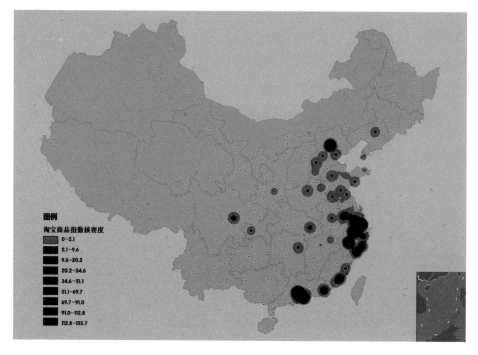

图1-26 淘宝商品指数核密度

南部的河北、山东等省的各个孤点。

　　当然，商品总数量只是其中一个指标。事实上，我们还比较了店铺数量的聚集和商品种类的丰富度。但在全国尺度上来看，基本也呈现相同的态势。可以参看图1-27（上图是店铺数量分布，下图是商品种类数量分布），不再具体展开了。

　　事实上，这三个指标之间有着很强的相关性。我们按照城市在商品总量上的排名，取出了前50名（否则图太长看不清楚）。分别叠加了店铺数量和商品种类数量制作出图1-28。

　　如图1-28所示，总体而言每个城市的商品数量与店铺数量呈现出了高度统一的趋势。在这两个指标上面，排名前十的城市分别是：上海、广州、金华、北京、深圳、杭州、苏州、温州、佛山、台州。而每个城市的商品种类数曲线则略有一些局部的波动，但前十名梯队仍然不变，且呈现与商品和店铺数量统一的总体规律。

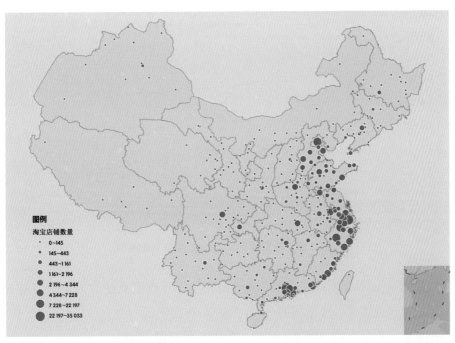

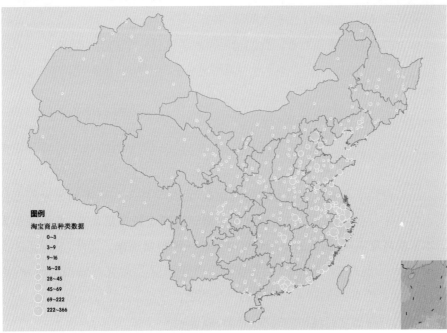

图 1-27　淘宝店铺分布和商品种类分布

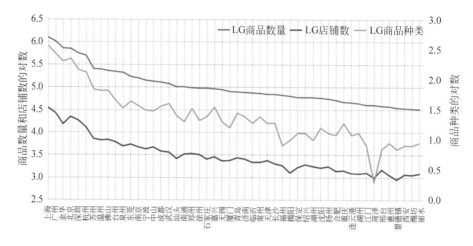

图1-28　各市若干淘宝指数比较（TOP50）

做完这张表，我弱弱地问："金华排名第三？难道火腿真的那么受欢迎吗？"这时远处传来一个微弱的声音："义乌，在金华。"

果然解释了一切。但第二个疑惑仍未得到解答：

到底菏泽究竟是有什么逆天的独门特产呢？

按下菏泽的问题先不表。我们起码得到了这样一个初步的结论。

在互联网时代，淘宝商品并没有扁平地分布在全国尺度的空间当中，而是保持了高度的集聚。其集聚的空间范围基本上是三个城市群：

（1）长三角；

（2）珠三角；

（3）北京。

虽然看到了淘宝在空间上的集聚状况，但淘宝商品和卖家的集聚程度并不一定意味着淘宝对城市的改变程度。**对于这三个城市群而言，其经济和人口本来就高度集聚，淘宝的集聚也可能只是一种附属现象。**因此，某城市的淘宝指数（商品量/卖家量/商品种类数）高，并不意味着淘宝对城市的改变（影响）程度大。在此我们还需要探讨另一个问题：

如何判断淘宝对城市的改变（影响）程度呢？

简单地说，假如我们认为淘宝指数的集聚在某种程度上是城市经济集聚的附属现象，那么我们需要做的是把城市自身的经济集聚特征剥离出去，然后再看淘宝指数的变化。也就是说，我们需要将各个城市的淘宝指数和其总体经济指数合在一起进行综合比较。

在这里，我们选择了城市的 GDP 作为被剥离的指标。我们从《中国城市年鉴 2014》中整理了相关城市的 GDP 指标，然后将每个城市的"淘宝指数 / GDP 指数"作为淘宝影响指数，度量淘宝对城市改变程度的指标。在这个度量体系中，相同 GDP 的城市，淘宝指数越高，改变程度越大；相同淘宝指数的城市，GDP 指数越小，改变程度越大。

我们利用每个城市的"淘宝指数 /GDP 指数"，制作出图 1-29。

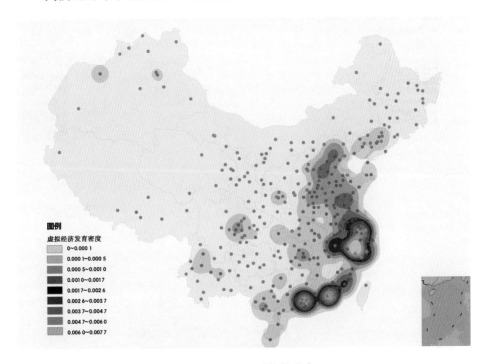

图 1-29　淘宝影响指数分布

可以看到：这一指标密度最高的地区虽然仍在东部沿海，但和淘宝指数的空间分布图已经不完全一致了。我们把这两张图（上图是淘宝指数分布，下图是**"淘宝指数/GDP 指数"分布**）放在一起比较。见图 1-30。

通过淘宝指数和淘宝影响指数的比较可以看到，在剥离城市自身经济发展水平的因素后，淘宝对城市影响的真实状况如下：

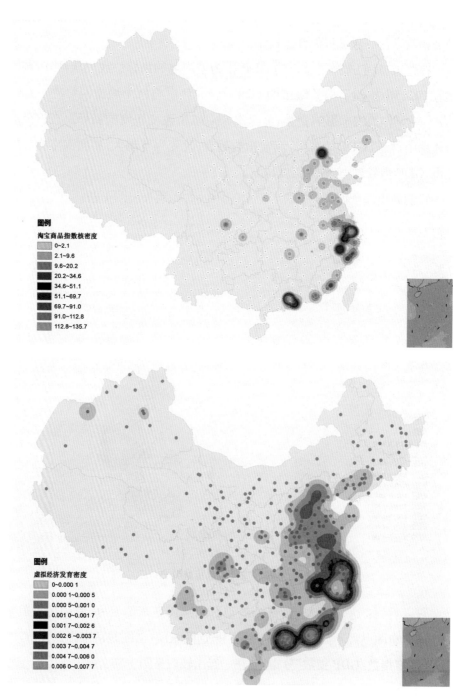

图例

淘宝商品指数核密度

- 0~2.1
- 2.1~9.6
- 9.6~20.2
- 20.2~34.6
- 34.6~51.1
- 51.1~69.7
- 69.7~91.0
- 91.0~112.8
- 112.8~135.7

图例

虚拟经济发育密度

- 0~0.000 1
- 0.000 1~0.000 5
- 0.000 5~0.001 0
- 0.001 0~0.001 7
- 0.001 7~0.002 6
- 0.002 6~0.003 7
- 0.003 7~0.004 7
- 0.004 7~0.006 0
- 0.006 0~0.007 7

图 1-30　淘宝指数和淘宝影响指数

（1）淘宝对北京的影响作用大幅度地降低了，降到了与石家庄差不多的程度；

（2）淘宝对包邮地的影响作用仍然极强，但其影响的重心则向南大幅移动，从上海移至浙南地区；

（3）淘宝对珠三角的影响作用仍然极强。在保持了原有影响的同时，其高强度影响范围向东侧沿海大幅度地延伸，一直连接到了福建沿海地区。

总体而言，虽然淘宝指数在三大城市群均高度集聚，但事实上对这三大城市群的改变程度是截然不同的。那么，最后一个问题来了：

淘宝对哪些城市改变程度最大呢？

我们把全国地级以上城市再按照 GDP 排名（取了前 50 名），然后叠加了每个城市的淘宝指数，得到了图 1-31（GDP 是红线，淘宝指数是蓝线）。

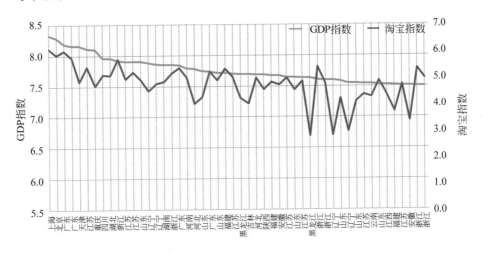

图 1-31　各市淘宝指数和 GDP 指数的比较（前 50 名）

从图 1-31 上，我们可以清晰地看到每个城市 GDP 指数和淘宝指数的关系：淘宝指数曲线偏离 GDP 曲线越高，淘宝对该城市的改变程度越大；越低，则反之。

于是，我们看到了那些淘宝指数远远高于 GDP 指数的城市：**杭州、佛山、东莞、泉州、南通、温州、临沂、台州……**

同时我们也看到了那些淘宝指数远远低于 GDP 的城市：**大连、唐山、长**

春、大庆、鄂尔多斯、包头……

目测太不科学了。让我们用一个唤起悲惨童年回忆的方法来结束吧。请看下面这张成绩单（见图1-32）。

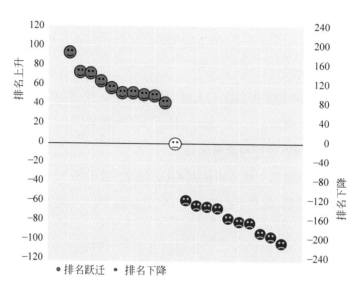

图 1-32　排名变化前 10 名 & 后 10 名

（由于图表面积有限，我们只列出了从 GDP 排名到淘宝指数排名跃迁度最高的十名和 GDP 排名到淘宝指数排名下降度最多的十名。另外部分数据不全的城市和体量过小的城市没有列入计算之中。）

补充说明：

大家一定会有疑问，"为什么只使用淘宝商品和卖家数据？而忽略了买家和交易数据？"

对于这个疑问，我们有以下两个非常认真的解释。

原因一：在这个答案里，我们更多的是从城市产出（而非消费）角度来思考淘宝对城市的改变；同时用于对比和剥离的城市 GDP 也与城市产出（而非消费）的关联度更强。因此我们觉得用淘宝商品和卖家数量与城市经济指标进行对比，在逻辑上有着更强的说服力。

原因二：我们真的没有那个数据。

1.2　数据之下的城市

如果说上一节里我们是从宏观的角度来看待中国的经济发展，那么这一节里，我们将把目光从全国聚焦到一个具体的城市——上海。

当我们的范围缩小了，我们就能发现更多的、关于这座城市的细节。

本节着眼于上海城市发展和市民生活的不同方面，提出了一些可能是有悖于常识的论断。

这是一个信息爆炸的时代，信息的真与假，对与错，往往很难判断。真理到底掌握在多数人手里，还是少数人手里呢？数据并不总是能给出正解，但至少能让我们更加接近正解。

1.2.1　人口疏解，让城市更拥堵

话说 20 世纪末的某一天，位于人民广场的上海市政府忽然提出了一个问题："市中心的人怎么越来越多啊？感觉好拥挤好堵车。不开心。怎么办？"

说时迟那时快，座下有某专家近前言道："既然市中心的车太多了，人也太多了，那大家就不要都挤在一起嘛，明明郊区风景优美、人烟稀少、环境宜人，把市民们都迁去那里。这样一来，市中心人少了，自然就不拥堵了嘛。"

市政府听闻大喜，于是做了一个愉快的决定："市民朋友们，你们不要在市中心待着了，都去郊区那里幸福地生活吧！"

于是，一系列的人口疏解的政策出台了，其中主要包括以下几项：

（1）严格限制市中心的居住用地出让和住宅建设；

（2）对市中心进行大规模旧城改造，把旧区居民拆离市中心；

（3）在近远郊各处兴建大型居住社区，以承接新增人口与市中心迁出人口。

（4）在郊区建设独立新城，增加就业岗位。

疏解效果如何？

看图便知。图 1-33 是上海市五普到六普各个街镇的人口数量变化（绿色

表示人口减少,红橙黄色表示人口增加)。

图例

人口变化(人)

▨ -494 957~360 000   ▢ 1~50 000

▨ -359 999~180 000   ▨ 50 001~100 000

▨ -179 999~0   ▨ 100 001~220 000

            ▨ 220 001~340 000

图 1-33　上海 2000—2010 年常住人口数量变化

我们不得不钦佩上海市政府强大的执行能力。在全市人口高速增长了近30％的巨大压力(从 2000 年的 1 800 万人增长到 2010 年的 2 300 万人),城市近郊区及新城人口大部分都有飞速增长的情况下,浦西在内环线以内区域(传统意义上的"市中心")的人口数量竟然硬是被降了下来。我们不能不说这是可以载入史册的人口疏解的大胜利。

是的，人口疏解成功了，那么拥堵缓解成果如何？

请看报道《全国 50 城市上班族通勤调查》。该报道提到：2014 年上海以平均通勤距离 18.82 公里居全国第二（北京以 19.2 公里居首），平均耗时 51 分钟。2006—2014 年，上海人均通勤时间分别增长了 42%。全市道路交通平均车速下降了 13%。见图 1-34。

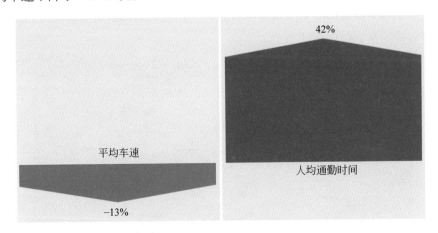

图 1-34 上海平均车速与人均通勤时间变化（2006—2014 年）

说好的不堵车呢？不是说人口疏解了就不拥堵了吗？

事实上，要理解人口疏解与交通拥堵的关系，我们需要回到概念的本质来探讨。交通拥堵是什么？它是指：在某个时间段内，在一定空间范围里，由于交通供给无法满足出行需求所产生的一种现象。

因此，我们可以从相关关系上进行简单的归纳：出行需求量＝出行次数×出行距离，拥堵程度与出行需求量和交通供给有紧密的相关关系。在某个时间和空间内，**拥堵程度∞（出行次数×出行距离）/交通供给**。也就是说，拥堵程度与出行次数和出行距离是正相关的；而与交通供给是负相关的。

而在这三个指标中：出行次数，一般与城市总出行人口和人口结构有关；交通供给，一般与城市的交通基础设施投入及管理水平有关，而这两个指标与人口疏解的关系不大。那么人口疏解是否能解决拥堵问题的关键就在于：**人口疏解政策是会让出行距离变得更长，还是更短呢？**

在理想(田园城市开始)当中，伟大的城市规划者们总是希望把人们从市中心搬迁至郊区，然后在那里建立起一个自给自足的新城，规模不大，出门方便，有工作有房子有配套有环境，人们在那里安居乐业，没事坚决不到市区。在这样的理想模式下，出行距离当然会下降。整个城市的拥堵程度当然会缓解。

但是，现实呢？

以上海引以为傲的轨交系统来看吧。我们选取上海轨道交通某工作日早高峰客流的数据制作出图 1-35。

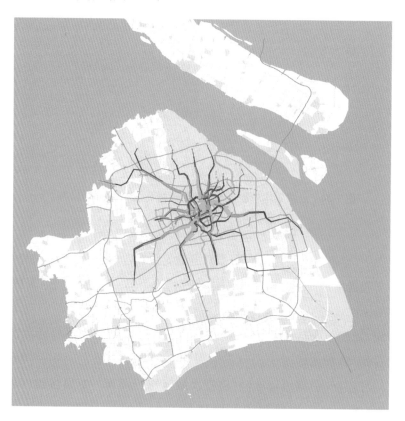

图 1-35　上海早高峰轨交线路客流

可以看到，工作日早高峰时段(a. m. 7：00—9：00)，除 2 号线外，其余所有轨道交通线路，在通往市中心的方向上均呈现明显的高拥堵单向客流(颜色越深，流量越大)。其中 1 号线、3 号线、9 号线、11 号线都显示出了相当严重的双向客流不均衡。

那这些拥挤的客流都是去哪呢？

我们通过轨道交通刷卡数据，整理出图 1-36（轨道交通出行的 OD 分布图）。

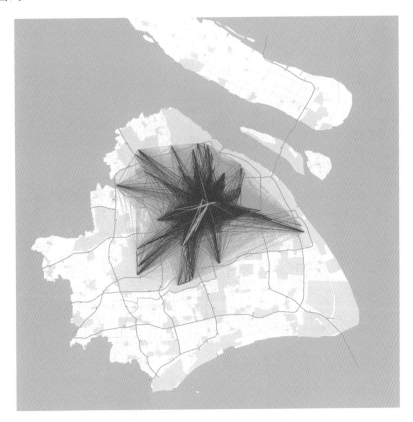

图 1-36 上海早高峰轨交 OD 图

通过分析 OD 分布规律，可以得出每两个站点之间的关联度，相互来往人数越多（在图中表现为颜色越红），表明关联度越高。从图 1-36 中可以看到，无论是市区的站点、还是郊区的站点，其相互关联度最强的指向只有一个，那就是市中心；也就是说，无论人们在哪个站点挤上了地铁，他们大部分的出行目的地只有一个，那就是市中心。

以宝山区为例，我们再深入看一下。根据轨交刷卡数据，区内工作日早高峰内搭乘地铁平均流出 19 万人（根据轨道交通分担比，我们估算宝山区竟有 100 万人每天外出通勤）。而根据全市所有站点的 OD 分布，宝山区市民最主要出行目的地依次为黄埔、徐汇、浦东，三者之和共计 54％，市中心八区和浦东区之和更是达到 81％。见图 1-37、图 1-38。

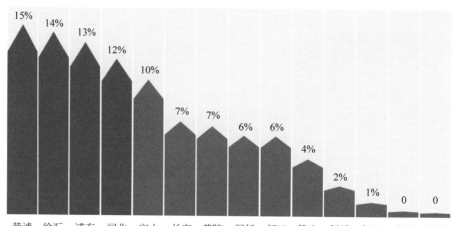

图 1-37　宝山轨道交通流出人口去向 1

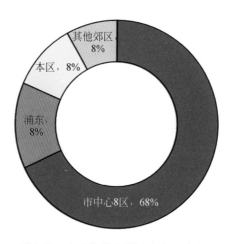

图 1-38　宝山轨道交通流出人口去向 2

相类似的，9 号线沿线的松江，在早高峰也呈现同样的特征。松江区市民的出行目的地中，市中心八区和浦东区之和占到 71％。见图 1-39。

早高峰那么多人出行去市中心，都是去干吗呢？为什么不在政府规划好的新城（宝山和松江都有新城）里安居乐业，过着"出门方便，有工作有房子有配套有环境，没事坚决不到市区"的幸福生活呢？

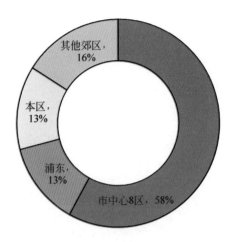

图 1-39 松江轨道交通流出人口去向

答案很简单。他们要去市区上班。

我们根据经济普查数据，制作了上海市生产性服务业的就业岗位分布图，见图 1-40。

结果很明显：生产性服务业的就业岗位高度聚集在市中心。除了浦东张江，其聚集的范围连中环线都没突破。我们再来看看轨交早高峰各站点进出站人流量变化图（见图 1-41），蓝色圆圈是出站人数更多，红色圆圈是进站人数更多，圆圈越大则表明客流量越大。

蓝色区域是不是与生产性服务业的就业岗位分布高度一致？没错，这就是上海每天早高峰挤地铁的人们的目的地——上海各类高端服务业就业岗位所在地：市中心。

总体而言，在高端就业岗位仍然集聚在市中心的情况下，即使市中心人口密度降低，人口得到了疏解，但被疏解的群体依然需要每天通勤至市中心工作。因此，疏解人口本身只会大幅度增加居民的出行距离，从而加剧城市的拥堵程度。

那么，我们进一步思考，在人口疏解的同时也疏解就业岗位，是否能缓解拥堵问题呢？

是否能缓解，我们且放其后，问题是，上海市政府是否有能力疏散高端就业岗位？

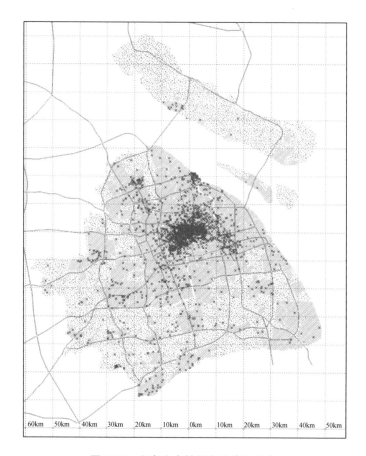

图 1-40　上海生产性服务业岗位分布

图 1-41　上海轨交站点及进出站情况

事实上，对于疏解中心区功能，大力发展周边新城这件事，上海已经努力多年了。从口号到实践，各种政策都在使用，减税，补贴，供地，无不用其极。结果呢？我们用三张图来说明。

第一张图：2000—2008 年上海新增生产性服务业企业的空间分布图（见图 1-42）。

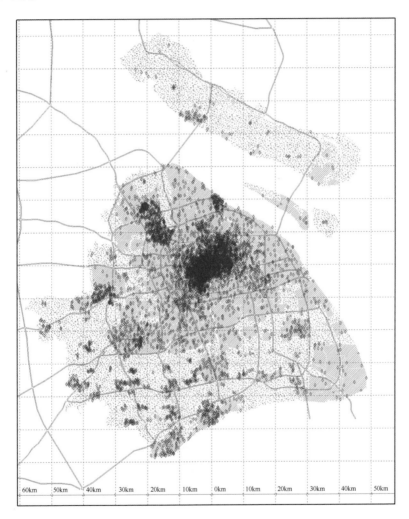

60km　50km　40km　30km　20km　10km　0km　10km　20km　30km　40km　50km

图 1-42　上海新增生产性服务业企业空间分布

虽然新增企业还基本上集聚在中心区，但是周边郊区新城貌似也有了不少的增长，功能疏解，效果喜人！

第二张图：2000—2008 年上海新增生产性服务业就业岗位的空间分布图

（见图 1-43）。

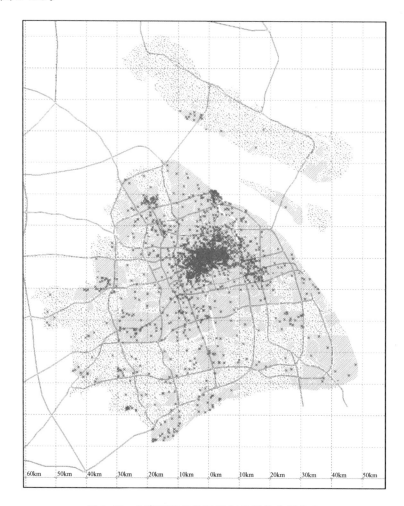

图 1-43　上海新增生产性服务业岗位空间分布

怎么回事？长势喜人的郊区忽然就稀疏了下来。

再看第三张图：2000—2008 年上海新增生产性服务业企业营收的空间分布图（见图 1-44）。

郊区在哪？……

我们再全部对比看一下，见图 1-45。

是的，政府努力地在中心城之外的地区（以新城为主）鼓励高端服务业的发展。通过补贴、减税、供地等，试图对市中心服务业功能进行疏解。

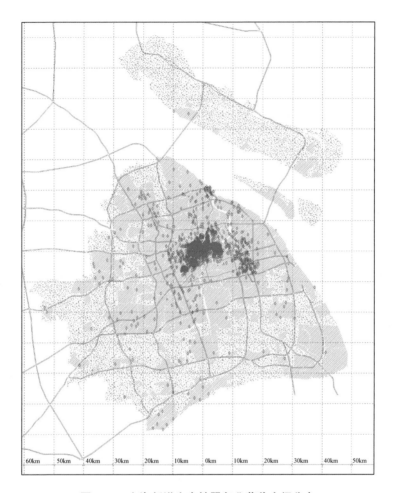

图 1-44 上海新增生产性服务业营收空间分布

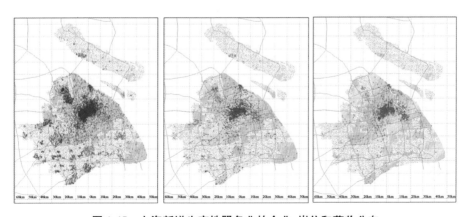

图 1-45 上海新增生产性服务业的企业、岗位和营收分布

有效果吗？当然有，企业会去的，它们去注册（去领补贴啊，注册一下而已）。但是人会去吗？当然不会，谁去那里上班啊。自然，钱也没来。

可见，即使强大如上海市政府，有些事情，也是办不到的。

为什么呢？因为疏散，是经济要素的空间移动。在这个问题上，企业会比人要坚定的多，它们有着自己的空间密度规律。

见图1-46。

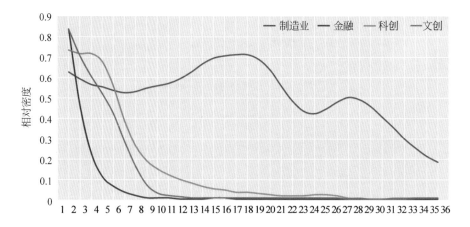

图 1-46　上海四大产业就业密度衰减趋势

图1-46是根据经普数据分析的上海四个主要产业部门就业密度在空间上的分布特征。金融行业高度集聚在市中心3km处；其次是文创，8km；再次是科技，12km。从规律上看，未来上海核心发展的这三大产业都不支持在城市外围集聚。向郊区新城疏散就业岗位，本质上就是逆市场规律而行。

值得一提的是，制造业则是一条更平稳的曲线，在距离市中心15km之外，还能有一个新的高点。事实上，只有制造业能够在城市郊区保持其就业密度，同样地，也只有以制造业为主的产业新城才能够实现人口疏解和岗位疏解的双重目标，很可惜，制造业从业人员占比已经从2000年的37％持续下降至2013年的30％（见图1-47），它已经不再是上海未来就业的主要载体了。这是另外一个话题，不再展开。

市场的规律是很顽固的，高端服务业就是无法离开市中心；它们更倾向在城市中心聚集，尽管聚集的尺度略有差异。所以，即使上海市政府强大到能够

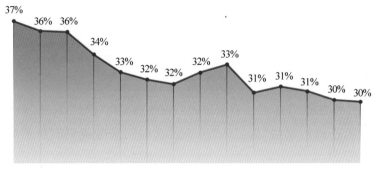

图 1-47 上海制造业就业人数占比（2000—2013 年）

打败市场规律（我相信多花钱肯定办得到），真的在城市外围地区发展出新的服务业就业的集聚区域，在远郊新城实现了某种程度的自我平衡。但只要市中心的就业岗位数量不随着人口疏解而减少，交通拥堵便只会持续加重。

无论是市场规律还是国际城市经验都告诉我们：一个以服务业为主的国际大都市将不可避免地仍会保持其市中心就业岗位的高速增长和持续集中。即便是被学界认为新城战略非常成功的东京，在过去的十几年中，其岗位的空间集聚度仍然在不断加强，岗位总体上仍然呈现空间极化的趋势，见图 1-48。

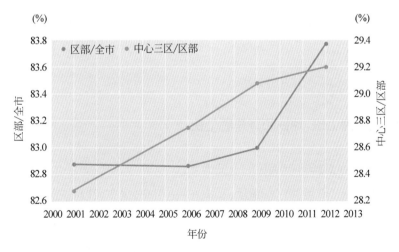

图 1-48 东京 2001—2012 年就业人口空间分布占比

但上海市政府又是否有能力有意愿来减少市中心的就业岗位数量呢？
对于这个问题我们无法回答。

但是,我们看到的是,仅 2013 年一年上海中心城区便有约 1 000 万平方米的办公商业建筑竣工;

我们看到的是,中心城区还有约 100 平方公里的工业地块有待更新为办公和商业功能;

我们看到的是,市中心还有繁重的旧城改造工作(仅虹口一区就有 500 万平方米的拆迁量),那些"拆二代"正等着这些旧区变成更有价值的商业开发……

这一切,都会让上海的市中心变得更有活力,也会给上海的市中心带来更多的就业岗位。

上海就是这样一个城市。

在这样一个城市里,假如我们依然严守人口疏解的政策,严格控制市中心的人口,使郊区(包括新城的)人口不断增长扩大,我们会得到什么?

我们会不会得到传说中的"田园城市"?

不会。

我们只会得到一个无论你修多少条地铁线到郊区,早高峰时永远是一边挤不上、一边是空车厢的城市;

一个通勤距离越来越长的城市;

一个人和岗位越来越远的城市;

一个综合交通不堪重负的城市;

一个越来越拥堵的城市。

1.2.2　在上海上班,地铁和开车哪个快

上班,有许多种可供选择的交通方式。

走路、骑车、滑板、公交、地铁、私家车、出租车、火车、飞机……

但是今天,我们只聚焦最重要的两种交通方式:地铁和开车。至于您是开私家车、坐出租车、拼车……我们就不做区分了。

在进入正文以前,请您先凭自己的经验或直觉做出选择:

A. 地铁快

B. 开车快

C. 差不多

让我猜一猜,您是不是选了 A?

可是,您选得对吗?

为了科学地比较地铁和开车哪个更快,我们采用了 2015 年某工作日早高峰上海轨道交通的数据,以及某出租车公司提供的 2015 年 1—10 月工作日早高峰的专车数据,来分别表征乘坐地铁上班和开车上班的两类市民的通勤情况。

我们首先来看,这两类人都是怎么上班的。

图 1-49 是三类乘客的早高峰 OD 图,颜色越深,说明该条路线上的乘客越多。

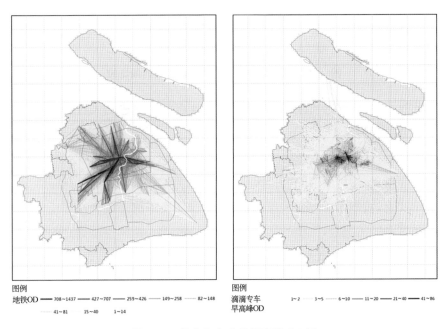

图例
地铁OD —— 708~1437 —— 427~707 —— 259~426 —— 149~258 —— 82~148
　　　　 —— 41~81 　 15~40 　 1~14

图例
滴滴专车
早高峰OD　　 1~2 　 3~5 　 6~10 　 11~20 　 21~40 　 41~86

图 1-49　轨交和专车的早高峰 OD 图

可以看到,**轨道交通乘客多为从四面八方的郊区涌向市中心;而专车则主要在中心城区内活动**,并有向浦东机场和虹桥机场/虹桥火车站的两条明显的延伸线。显然,轨道交通乘客的通勤距离比专车乘客要长很多。

我们再来看看两类乘客的通勤时间。如图 1-50 所示,两类乘客的通勤时间分布形态差异极大。轨道交通乘客的通勤时间比专车乘客要长,分布区间也更广。

换言之，轨道交通乘客以 20～40 分钟的中长时间通勤为主，专车乘客则主要是 20 分钟以内的短时间通勤。

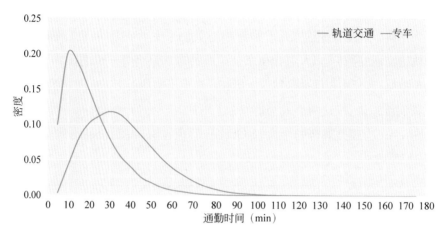

图 1-50　不同交通方式的早高峰通勤时间比较

到这里，我们已经可以肯定地说，开车或者打车上班的人，比坐轨交上班的人花费的时间更少。

然而，这个结论是毫无意义的。

显而易见，这种所谓的"省时间"仅仅是因为家到公司的距离更短。

事实上，我们无法改变上班的距离（除非你换了房子或者换了工作）。我们通常遇到的情况是，工作和居住的地点是确定的，距离也是确定的，我们能够选择的只有交通方式而已。

所以我们想要知道的，其实是"走完相同的距离，哪种交通方式花费的时间更少"，换言之，我们谈论的是速度。

（注：本文中的"通勤距离"指的是从起点到终点的直线距离，非实际行车距离。）

如图 1-51 所示，随着通勤距离的增加，通勤时间也增加。然而，乘坐地铁的通勤时间随着通勤距离的增加呈线性增长，其增长速度远高于专车。

就两种交通方式的通勤时间进行比较的话，当通勤距离在 14km 以内时，轨道交通花费的时间比专车更少，不过，也就少 5 分钟左右。如果考虑出站以后的步行或换乘的话，轨道交通乘客花费的时间很可能与专车乘客持平，甚至更多。而当通勤距离大于 14km 时，专车花费的时间比轨道交通要少得多；且

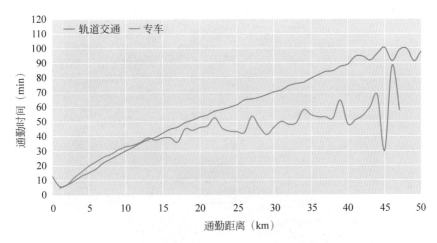

图 1-51　不同交通方式在早高峰的通勤时间与通勤距离的关系

随着距离的增大，时间差异会越来越大。这也很好理解，毕竟当通勤距离较长时，开车的行驶路径更接近直线，而地铁则免不了绕行、在站点的停靠时间也更多。

可是，鉴于 78% 的上海市民通勤直线距离都在 14km 以内，我们是不是可以说，对绝大多数市民而言，乘坐地铁上班和开车上班所花费的时间是差不多的呢？

现在下结论还为时过早。

上述分析中，我们只控制了通勤距离这一个变量，并没有考虑通勤方向。而生活中，我们往往有这样的经验：早高峰时，从郊区去往市区方向的地面道路和地铁都非常拥挤，而相反方向则路面通畅、地铁空旷。

图 1-52 所示是上海轨交 1 号线早高峰某站点。

经验告诉我们，地铁最坏的情况顶多是挤不上，等下一班车也就三五分钟；而开车如果遇上堵车……结果就很难说了。所以，有没有可能，是出城方向的车大大拉低了专车的平均通勤时间，造成了开车跟地铁差不多快，甚至更快的假象呢？

为了回答这个问题，在比较地铁和开车的速度快慢之时，我们还需要区分"进城（向心）"和"出城（外向）"两个方向。

如图 1-53 所示，在 15km 以内，地铁乘客无论进城还是出城，花费的时间

图1-52 上海轨交1号线早高峰某站点

都是差不多的(进城的时间稍微多一点,可能是在排队或者等下一班车吧);不仅如此,乘客的通勤时间与通勤距离呈现明显的线性变化关系。这说明,地铁车速非常稳定,且在两个方向上速度几乎相同。

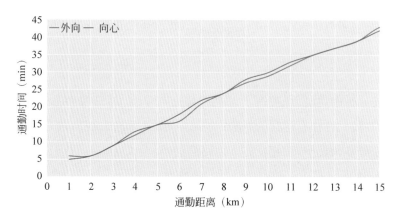

图1-53 早高峰轨交通勤时间与通勤距离的关系

再来看看专车的情况。显然,如果行驶相同的距离,进城方向的专车所耗费的时间明显比出城方向要多,但这种差异不到5分钟。

鉴于我们中的绝大多数人都是进城上班的,我们不妨单独比较一下地铁和专车在进城方向上通勤时间和通勤距离的关系(见图1-54)。

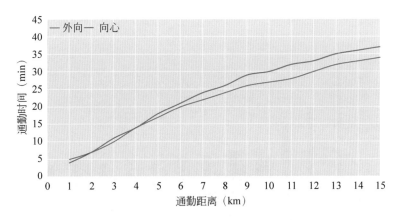

图 1-54　早高峰专车通勤时间与通勤距离的关系

如图 1-55 所示，只考虑进城方向，当通勤距离在 10km 以内时，乘坐地铁的时间略少于开车的时间，如果不考虑进出站以后的路程和耗费的时间的话。而当通勤距离大于 10km 时，开车在平均速度和耗费时间方面都优于坐地铁。

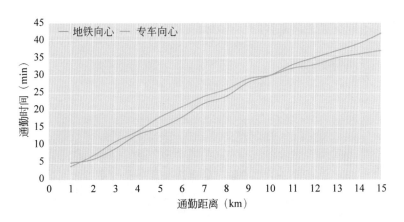

图 1-55　不同交通方式在早高峰的通勤时间与通勤距离的关系（向心方向）

然而，上述结论还是不够有说服力。即使同样是前往市中心，从东西南北不同的方向进城，从城区和郊区进城，车速和耗时也不尽相同吧？

于是，我们又统计了从各个行政区前往市中心的早高峰平均车速和通勤时间。（"市中心"指中环线以内地区。静安、黄浦、徐汇三区完全处于市中心，不列入计算；奉贤、金山两区无地铁，仅有专车数据；崇明无轨交和专车数据。）

不同交通工具在各区的早高峰车速（见图1-56）。

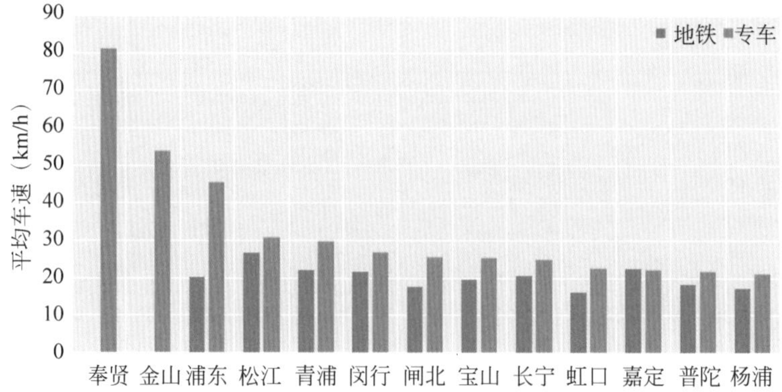

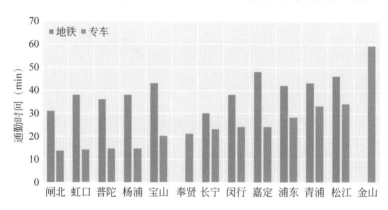

图1-56　不同交通工具在各区的早高峰车速

显然，从绝大多数地方出发前往市中心，专车车速都比地铁更快。然而，专车车速最快的，是远离市中心、没有地铁的奉贤、金山两区，车速可以达到中心城区的3倍甚至更多。而嘉定是唯一一个车速之慢达到了中心城区水平的郊区，也是唯一一个地铁车速高于专车车速的行政区。

各区不同交通工具乘客的早高峰通勤时间（前往市中心方向）见图1-57。

图1-57　各区不同交通工具乘客的早高峰通勤时间（前往市中心方向）

毫不意外，在所有行政区，乘坐地铁前往市中心都比开车花费的时间更多。在闸北、虹口、普陀、杨浦、宝山、嘉定六个区，乘坐地铁要比专车多花费20分钟甚至更多，总时间达到专车的两倍多。而在青浦、松江、闵行、浦东等区，这种时间差异则缩小到10分钟左右。

至此，我们已经可以肯定地说：

无论你住在上海的哪里，只要你在市中心工作，开车都比地铁要更快。

然而，我们中的绝大多数人，注定是只能坐地铁的……还有一些人，注定只能坐公交转地铁再转地铁再转地铁。

因此，我们有必要怀着对他人和自己的怜悯之心，来讨论一下：如果你不得不坐地铁上班，坐哪条地铁更快呢？

先来看看上海早高峰时每条地铁线路的平均速度，见图 1-58。

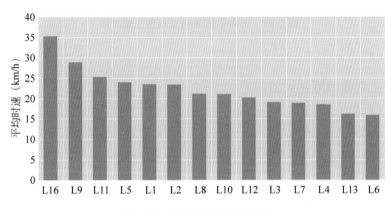

图 1-58　上海早高峰轨交时速

由图 1-58 可知，速度靠前的 16 号线、9 号线、11 号线和 5 号线全部位于郊区，有些直接就是城区地铁的延长线。而车速最慢的 6 号线、13 号线和 4 号线几乎全部的站点都位于中心城区。换句话说，郊区的地铁快，城区的地铁慢。

那么，在距离与速度的博弈之下，哪条地铁线路的乘客早高峰通勤时间最短呢？见图 1-59。

（每位乘客仅统计进站所属的地铁路线，若该站有多条地铁线路，以刷卡口标记为准。）

结果一目了然。

所以，请珍惜你身边每一位乘坐地铁 16 号线、5 号线和 11 号线的同事，因为他们真的很辛苦。

（本文结论仅适用于 2015 年的上海。）

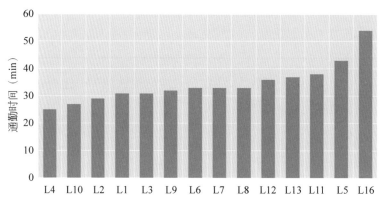

图 1-59　上海早高峰轨交乘客通勤时间

1.2.3　上海餐馆取名大法

在这个传播为王的年代，一个好名字异常关键。给孩子起名要计算生辰八字，查看五行缺啥；给大楼起名要请大师开光，收各种赞助。那么开餐馆呢？

我相信餐馆老板们总会慎重万分，斟酌再三。但在残酷的现实中，总有些人给自己餐馆取名是这样的（见图 1-60）。

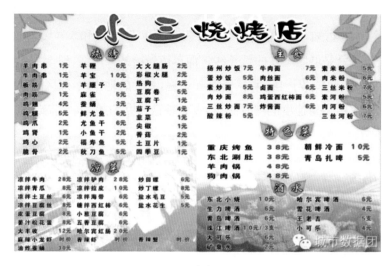

图 1-60　上海餐厅图例 1

这样真的好吗？

认真地说，我的确不知道叫作"小三"烧烤店到底好还是不好。本着科学的精神，让我们列出"大数据"来分析一下吧。

"小三"到底好不好？

我们从网络上收集了沪上约 10 万个各类餐馆的信息，然后筛选出评分 8.0 分以上的餐厅(占比 29.2%)，将这些餐厅名字的词频进行分析，发现上海高评价的餐厅名字里大多包含着这些字(见图 1-61)。

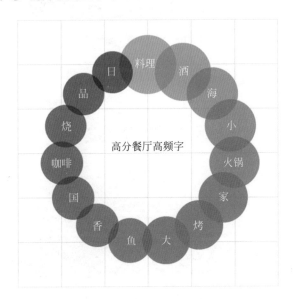

图 1-61 高分餐厅高频字

其中好评餐馆的"小"字使用频度居然排名第四，仅次于"料理""酒""海"。

看到没，看上去平平无奇的"小三烧烤店"，其名字却包含着大数据中深刻的玄机。也许正因如此吧，同样隶属于"小"字辈的餐馆们花样繁多层出不穷(虽然整个画风已经逐渐开始变化，见图 1-62)。

图 1-62 上海餐厅图例 2

当然，还有其他的"小"字辈的系列主题餐馆（见图1-63）。

图1-63　上海餐厅图例3

当然，还有那些混入的奇怪东西（见图1-64）。

图1-64　上海餐厅图例4

果然，看上去貌不惊人的苍蝇馆子都深谙起名字的大道理啊！

但是，问题来了，为什么"小"字辈的餐馆都是这种一看就知的平常小店？

让我们再按照价格筛选一遍。在所有的餐馆数据中，有超过半数（57%）的餐馆人均价格在30～100元。那么，我们看看这些人均消费在30元以下的苍蝇馆子都用哪些字（见图1-65）？

从图1-65中可以看到，最廉价的餐厅用字前五名分别是："烧""烤""小""面""馆"。

"小"出现频率排名第三！"小"字辈的烧烤店果然非常明确自己的定位啊。

但是，问题来了。那些高端的"小南国""小绍兴""小金陵"和"小肥羊"们要怎么办？它们也都是"小"字辈的，难道要改名字吗？

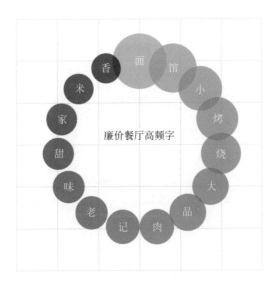

图 1-65　廉价餐厅高频字

　　看来必须要筛查一下高价餐厅了。我们把人均消费 100 元以上的餐厅（占比 20.7%）拿出来，对其名字里的词频数进行了统计，可以得到图 1-66。

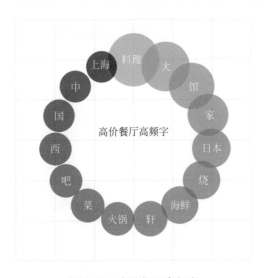

图 1-66　高价餐厅高频字

　　高价餐厅的高频词排序为："料理""大""馆""家"。看来"大"字才是高价餐厅的王道啊。

　　那么，"小"南国是不是要改名为"大"南国才能符合其高端定位呢？先别着急，我们再给"南"字算上一卦。

我们将所有含"南"字的餐厅进行了统计。所有"南"字系餐厅中，中评率约47.1％，差评率28.1％，而好评率仅有24.8％（见图1-67）。

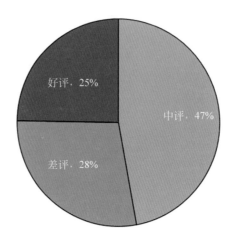

图1-67　含"南"字餐厅获评情况

看来"南"字的吃货认可度堪忧啊。

让我们稍微严肃地思考一下，**到底怎样科学地给自己的餐馆取名**？

我想了想，简单地给出几个小贴士吧。

菜系起名大法

按照餐馆主营菜系来起名字，看上去是个好主意。我们以川菜和日料为例，观察其名字字频数的分布规律，见图1-68。

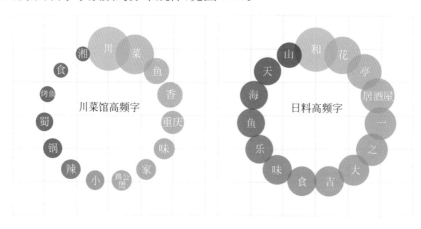

图1-68　川菜馆和日料高频字

可以看到，川菜馆高频字为：川、菜、鱼、香、重庆等，跟菜系高度相关；日料高频字为：和、花、亭、居酒屋等，跟菜系也高度相关。

那么，是不是起一个跟菜系高度相关的名字，就安全了呢？

我们将所有餐馆按照菜系分类，整理那些名字与菜系高度相关（我们称为"恋家"程度）的餐馆的占比程度和溢价率，制作出图 1-69。

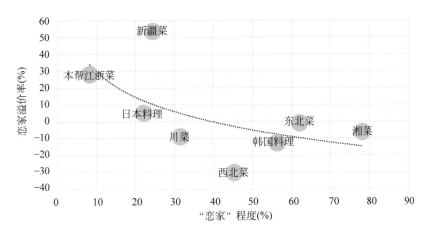

图 1-69　各菜系取名"恋家"程度与溢价率

可以看到这样一个规律。总体而言，"恋家"指数越高的菜系，其恋家餐馆的溢价率越低。也就是说，要不要给你的餐馆按菜系起名字，这要看你的同行们都怎么干。

如果大家都爱用该菜系关键字来命名餐馆，如湘菜，你还用同样的方法来命名，那么价值不大；但假如大家都不爱用本菜系关键字来命名餐馆，如本帮江浙菜，那么你忽然取个本帮菜相关的名字，其溢价效果不言而喻啊。

城区取名大法

按照餐馆所在地取名，想想看，应该是个好主意。任何地区的人民都有独特的偏好，特别是对大城市而言。于是，我们整理了全上海所有的高评价餐厅，将其名字中的高频词统计出来，然后根据餐厅所在地，将这些高频词分配到城市空间当中，制作出图 1-70。

从北向南逐一来看吧：

我们看到宝山的"串"。（难道宝山真的是撸串之区？）

我们看到杨浦和闸北的"小"。（果然是上海屌丝双雄啊）

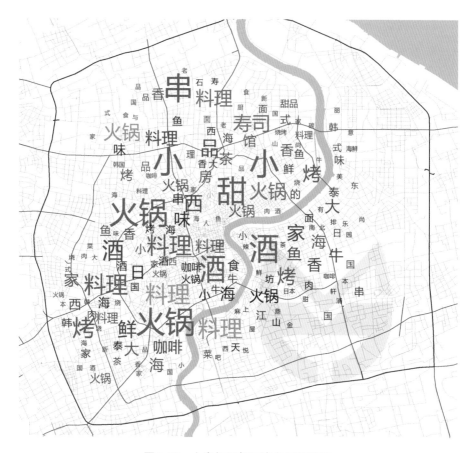

图 1-70　上海好评餐厅店名词频地图

我们看到虹口的"甜"。（甜品之区？）

我们看到浦东、黄浦滨河两岸的"酒"。（浦江两岸果然是纸醉金迷的所在）我们看到古北的"日""料理"。（不愧是上海的日本街）

......

信息太多，不一一阐述了。如有兴趣，可以参看表1-1（字频按照排名汇总到了市中心各区）。

表 1-1　上海各区餐厅取名高频字

排名/区域	静安	黄浦	长宁	徐汇	虹口	普陀	杨浦	闸北	浦东
1	料理	酒	料理	火锅	甜	火锅	小	小	酒
2	小	料理	家	料理	品	鱼	火锅	味	料理

续表

排名/区域	静安	黄浦	长宁	徐汇	虹口	普陀	杨浦	闸北	浦东
3	西	海	日	海	火锅	酒	烤	西	烤
4	家	小	西	咖啡	茶	香	寿司	料理	海
5	海	上	海	大	西	海	品	火锅	大
6	酒	咖啡	酒	馆	鱼	料理	香	鱼	鱼
7	火锅	火锅	国	国	小	味	馆	串	家
8	食	日	火锅	小	香	大	料理	品	香
9	国	日本料理	韩	泰	房	酒店	海	家	牛
10	屋	吧	本	品	面	肉	的	海	火锅
11	烧	家	烧	香	大	烤	国	人	小
12	鲜	牛	式	茶	理	馆	鲜	咖啡	国
13	素	食	日本料理	新	料理	餐厅	家	咖	菜
14	啡	大	肉	鲜	记	烧	老	烤	面
15	南	意	屋	家	家	菜	鱼	大	日

八卦解字大法

如果以上两个起名方法都觉得不给力的话，我们只好祭出最终奥义了——八卦解字大法。

我们将所有关于餐馆评价、价位、地域、竞争等数据综合起来，然后将这些数值赋给每一个餐馆起名常用字，最终得到了一个庞大的餐馆起名八卦解字数据库。

这个数据库好不好用呢？我们来试一下。

先以古北的"料理"二字为例，求一上卦。输入"料理"二字，可见图 1-71。

果然高大上，那我们稍微亲民一点，再来给"烧烤"求个签，输入"烧烤"二字，可得图 1-72。

那么火锅呢？我最爱的火锅呢？求一卦。输入"火锅"二字，可得图 1-73。

哈哈，怎么样，这个数据库是不是很好用？

最后，回到之前我们按下不表的那个小八卦，来给面临危机的"小"字求上最后一卦吧。轻轻地输入"小"字，可得图 1-74。

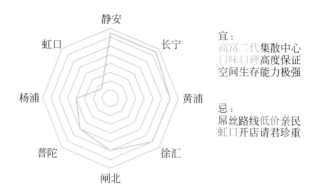

图 1-71　"料理"八卦图解

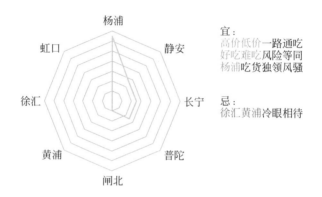

图 1-72　"烧烤"八卦图解

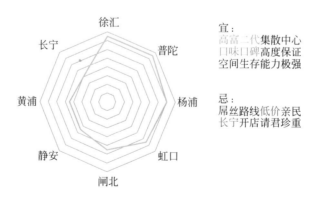

图 1-73　"火锅"八卦图解

呃，这个……

一不小心，我想我的程序已经通过图灵测试了。

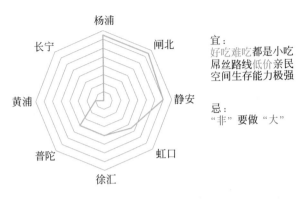

图 1-74　"小"字八卦图解

第 2 章

数据之于工作

大学毕业了,是逃离北上广,还是逃回北上广?

公务员是一份轻松的职业吗?

创业之路上都有哪些快乐和艰辛?

如果你在为这些问题疑惑、迷惘和犹豫,那么不妨让数据为你拨开迷雾,指点迷津。

2.1 学习/就业指南

本节内容贴近生活,文风或诙谐或严肃,无论是学习中的趣事,还是对择业的思考,都可以借助数据娓娓道来。

2.1.1 好好学习,是另一种童年

最近,学姐总是莫名其妙地来问我一些小学或者初中的数学题。

说实话,这件事让我很尴尬。

假如我做对了,那也只能说明我的数学水平达到了小学或者初中水平;但假如我做错了,那岂不是连这个水平都没达到?

比如昨天,她给我发了这么一段消息,见图2-1。

图 2-1　与学姐的聊天记录 1

看到这题,我想问,现在的孩子究竟还有没有童年?

痛定思痛,我决定认真地思考一下这个问题。恰好,手边有某中小学拍照答疑平台的数据,我们不如用这组数据来管中窥豹地回答一下这个问题。

首先,我们随机挑选了部分 2015 年 3 月 1 日—5 月 31 日(开学到期末考试前)这三个月内具有多次搜题行为、各项信息完整的用户,一共 8 万余名。

在此,我们非常善良地做出一个极其重要的假设:这 8 万余名孩子的确是在学习中出现了某种程度的困难和压力,才不得不求助于互联网工具的。

那么,第一个问题来了,这些辛苦学习的孩子都是几年级的呢?

怎么判断同学们的年级? 由于我们所获得的每组搜题记录都有年级(小学、初中、高中)和科目的记录,因此可以做一个粗略的定义:

孩子的真实年级＝该用户在这段时间里查询最多的题目所属的年级

根据这个定义,我们得到图 2-2。

可以看到,这 8 万名孩子中:

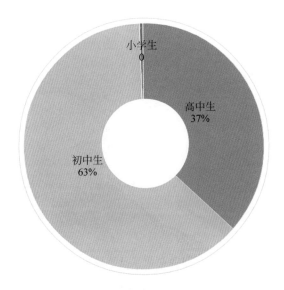

图 2-2　搜题用户年级分布

（1）小学生的样本数量微乎其微，只有约 2 000 名，可视占比约为零。其主要原因大概是小学生拥有手机并用它来学习的并不多吧。

（2）样本的主体是中学生。其中，初中生占比达到 63％，高中生占比 37％，这与全国初中生和高中生数量 2∶1 的比例基本一致。

那么，孩子们都搜了多少道题呢？

从总体上看，在寒假结束的新学期中的 85 天里（5 月有两周数据缺失），这 8 万余名孩子总共留下了约 3 800 万次的搜题记录。

算下来，平均每人该学期搜题数接近 480 道；假如 85 天无休止地做题的话，每天也要搜题 5～6 道。

而从人均搜题数的频数分布来看，50％的孩子的人均搜题数在 4 道题以内，75％的孩子的人均搜题数在 7 道题以内。具体情况见图 2-3。

接下来我们统计了各省的人均日均搜题数。

各省人均日均搜题数见图 2-4。

没错，人均搜题数的前三甲是青海、西藏和新疆！

西北地区的同学，你们太不容易了！

再来看看中部和东部地区。总的来说，长三角的人均搜题次数是比较高的，其次是东北和西部各省。而一直在各项指标上领先全国的北上广，终于拖

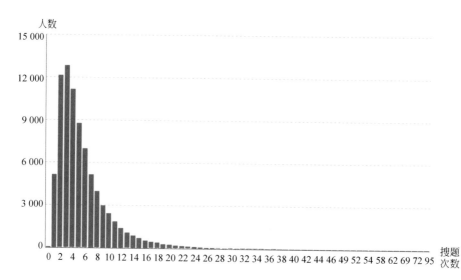

图 2-3　人均日均搜题数分布

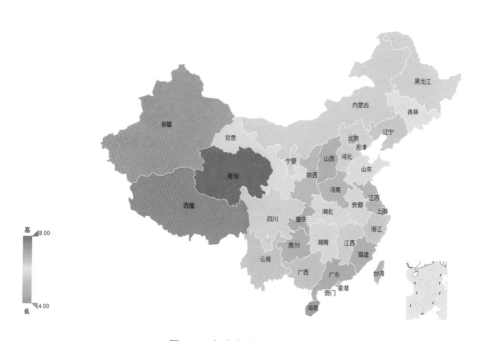

图 2-4　各省人均日均搜题数

了一次后腿。

　　这或许是因为发达地区的教育资源相对丰富,使孩子们无须承受太大的学业压力也能考上好的大学。也可能是因为发达地区的素质教育推行较好,将孩子们从题海中解救了出来。

但我们可以比较肯定地说,在现行的教育体制之下,经济相对欠发达地区的孩子要想获得好的高等教育,需要付出的努力比发达地区的孩子要多得多。

接下来我们思考了这样一个问题:

同学们都在被哪些科目的题所困扰呢?

各科目搜题情况见图 2-5。

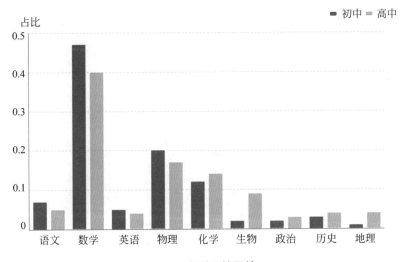

图 2-5　各科目搜题情况

是的,数学题的被搜次数远高于其他科目的题。

不论是初中,还是高中,无论是什么年级,这一结果都表现得十分明显。

当然,物理作为数学的好朋友,表现也相当神勇,稳稳地占据着第二"魔头"的宝座。

但有趣的是,在进入高中后,学生们查询语文、数学、外语这样的"主课"比例下降了;相反地,生物、历史等初中时的"副课"则出现上升的势头。其实,这很容易理解,全国大部分地区的中考都不考"副课",但到了高中,这些科目则一跃成为高考文理综考试中的科目,有些地区,比如上海,更是会有 3＋X 考试,重要性不容小觑。从中我们可以推断:

即使在号称素质教育全面推行的今天,学生所学的东西、所做的作业,还是以最终的考试为导向的——这根指挥棒也许从来都未曾消失过。

做题压力如此之大,是因为题目很难吗?

从这近四千多万条数据中，我们发现了另一个有趣的现象：不少初中生都查询了大量的高中试题。也就是说，就初中而言，其作业可能存在超纲和难度过高的现象。

我们可以将这种现象量化定义为"拔苗助长指数"：

拔苗助长指数＝初中生查高中水平题次数/初中生查初中水平题次数

下面将该指数分解到各省单元中，得到图 2-6。

图 2-6　各省"拔苗助长指数"

"拔苗助长指数"的前五名分别是：台湾、浙江、宁夏、陕西和江西，数值都接近 10％。

可惜的是，相比于其他省市动辄上百上千的同学人数，来自中国台湾地区的样本实在太少了。

不论是数学及其好朋友学科，还是拔苗助长的超纲困境，这些学业的压力都给同学们带来了可怕的童年阴影，在极大程度上剥夺了他们的童年乐趣。但最可怕的并不止于此。

这一压力还极有可能给同学们带来一个不可治愈的终身性的疾病——拖延症。

搜题情况随星期变化见图 2-7。

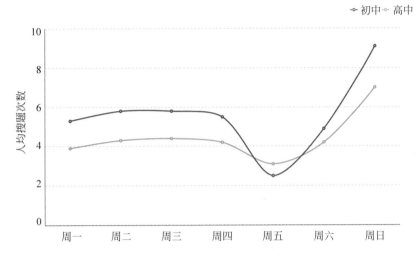

图 2-7　搜题情况随星期变化

　　数据显示,周五是搜题的低谷,周日则是搜题的高峰,这一特征无论在哪个年级都非常明显。相对而言,高中生的拖延症又比初中生症状轻很多。

　　没错,周五放学不做作业,留到周日一股脑儿做。不过妈妈也别再担心你与生俱来的拖延症啦,因为每个人小时候都那样。

　　最后一天拼命赶作业的同学,你绝不是一个人在战斗。

　　看到这里,身为拖延症患者的你是否略感欣慰呢? 那么,我们来看最后一个问题:

哪里的同学拖延症更严重呢?

我们首先定义了拖延症患者指数:

　　拖延症患者指数＝周日该省平均查题数/周五该省平均查题数

各省拖延症指数见图 2-8。

看来,山东、青海、浙江和川渝地区是拖延症的重灾区啊!

在此,我们郑重发出呼吁:治疗拖延症要从娃娃抓起!

让我们回到一开始由于那道数学题引发的问题吧:

现在的孩子们还究竟有没有童年?

答案是,当然有。谁说努力做作业就不是童年?

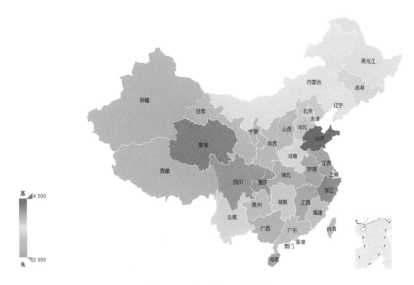

图 2-8　各省拖延症指数

假如你在童年时没有好好地做作业，你能像我这么愉悦且机智地回答学姐的问题吗？与学姐的聊天记录 2 见图 2-9。

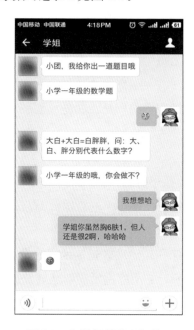

图 2-9　与学姐的聊天记录 2

感谢您耐心看完本文——还不快去好好学习！

2.1.2　应该去哪里买书呢

学姐总是强调她是一个很爱看书的人。

她跟我说："作为一个内外兼修的现代女性,我一直致力于读书这项伟大的娱乐活动。但我每在一个网站上买了书,就会收到无数的广告邮件和短信,烦死我了。所以我决定收拢战线,只在一个网站上买书,还能积分冲钻换小礼品什么的。你说我应该选择哪个网站呢?"

我说："那问题是,学姐你通常都买什么样的书呢?"

学姐说："我的阅读范围海阔天空,包罗万象,极其广泛,你就从总体上比较一下吧。"

好吧。

我已经习惯了学姐的自信,那就先选择图书类比较热门的当当、京东、亚马逊这三个电商平台来看看。

第一个问题来了,这三个网站,它们都在卖什么书呢?

由于三大平台对图书的分类各有不同,我们可以简单地将数十个图书分类归并为六个大类(这六个大类未能覆盖全部图书,但已包含了学姐的兴趣范围)。

(1) 学霸类:教辅类、考试类、外语学习类图书。

(2) 装×类:英文原版书。

(3) 亲子类:孕产胎教类、少儿类、亲子家教类图书。

(4) 码农类:计算机类、互联网类图书。

(5) 文艺类:艺术类、摄影类、绘画类图书。

(6) 八卦类:两性类、婚恋类、风水类、娱乐类图书。

那么,各个平台上的在售图书,哪一类最多呢? 见图 2-10。

很显然,当当最多的是学霸类图书,其次则是亲子类。

京东最多的是装×类图书,但学霸类图书也紧追不舍。

亚马逊最多的也是学霸类图书,但装×类图书紧随其后。

毫无疑问,学霸类图书占据了三大网站的核心。虽然读这些书的究竟是学霸还是学渣不能确定,但该类图书一骑绝尘的优势显示出一颗孜孜不倦培养学霸的心。

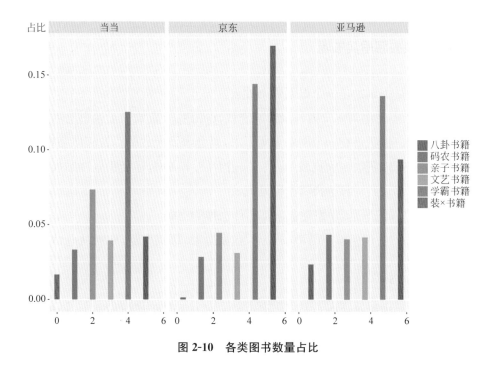

图 2-10　各类图书数量占比

学姐分析说："这么看上去是没错,但某类图书的在售数据多只能说明一部分问题,要想搞清楚哪个网站适合我,还得看看哪类书卖得好才行啊。"

学姐说得好有道理。

但由于我们不掌握图书销量数据,只好做出以下假设:不同图书售出后被评价的概率总体是相似的。

这样,我们可以以评论数量来替代销量,定义了"热销度"的概念。即把图书的评论数与图书数量相除,将其比值作为热销程度的衡量。结果见图 2-11。

非常明显,无论在哪个平台,亲子类图书都是最受欢迎的。尽管其在售图书的种类数量并不太多,但每本书得到的评论反馈数量却是远超其他类型的图书。

而八卦类图书也呈现相同的特征:在京东和亚马逊上虽然数量不多,但热销度却十分惊人。

而在售图书数量占据绝对优势的学霸类图书,其热销程度仅在当当取得了较好名次,在其他两个平台都表现平平。

至于在京东上书籍总量排名第一的装×类图书,其热销程度实在不敢

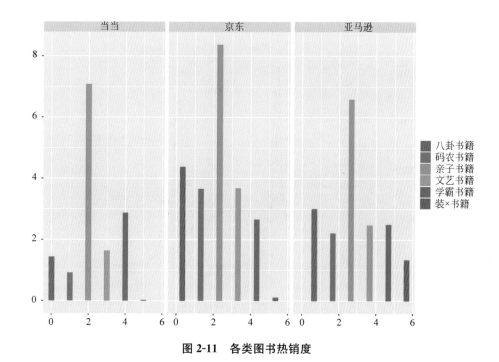

图 2-11　各类图书热销度

恭维。

　　学姐若有所思地点评道:"是啊,我想世界上还是普通人比较多。关爱子女和八卦是人的本性,大概只有少数人才会在恶劣的社会压力下变成了学霸,或者学会了装×。"

　　好吧,学姐脸上似乎有往事的痕迹。

　　不管了,我们再来看看三个网站上图书的价格如何呢? 见图 2-12。

　　可以看到大多数图书的价格都保持在 20～40 元,40～100 元也有很多书,而 100 元以上的图书很少。而且三个平台在价格上基本一致。

　　各类图书价格中位数,见图 2-13。

　　分别比较各类图书的价格中位数则可以发现,装×类图书价格一骑绝尘,突破百元大关,在京东的价格中位数甚至高达 330 元! 而其他类型图书的价格则比较平稳,且在各个平台的情况基本一致。

　　总体而言,除了装×类英文原版书之外,文艺类和码农类图书组成了第二梯队,中位数价格在 25～40 元;而第三梯队的八卦类、亲子类和学霸类图书,中位数价格在 20～25 元。

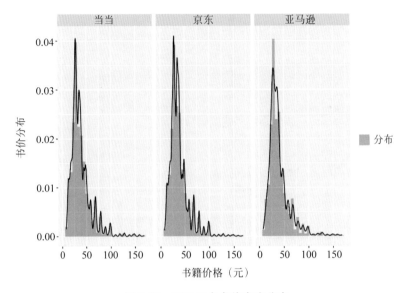

图 2-12　不同平台书价密度分布

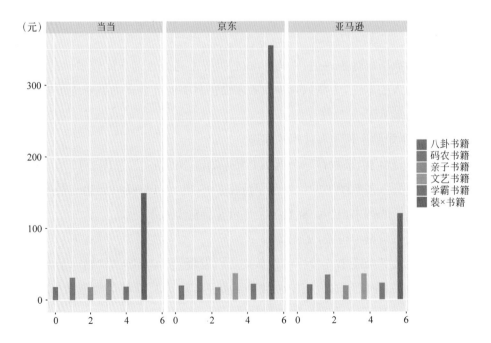

图 2-13　各类图书价格中位数

学姐点了点头说："情况已经基本清楚了,但是各个网站的卖书特征还不够突出。你能不能总结一下?"

好吧,我们来设计一个各类图书的综合指标。该指标由三个指标合成:某类图书占某平台上前 1 000 的畅销书的数量比例;该类图书占该平台图书总数的比例;该类图书占该平台图书销售额的比例。其中,销售额指标以"价格×评论数"近似计算。我们简单地给这三个指标取相同的权重,即可计算得到每个平台的指标倾向情况,见图 2-14。

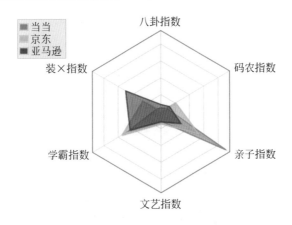

图 2-14　三大购书平台比较

从图 2-14 中可以看到,三个网站呈现出明显的偏好特征区别。

当当的特征直指亲子和学霸,其家庭特征非常明显。在当当上面,这两类图书的在售数量多、销量也大;亚马逊的特征直指装×,没有其他;京东看上去比较平衡的,码农指数明显高于另两个平台,其他各个类别表现居中。

学姐学姐,你决定去哪里买书了吗?

学姐说:"我突然想到,上面这些指标还是不够说明问题,还应该有一个指标来表征图书的质量,看看哪个网站上的图书最好看呢?"

我想了想,说:"学姐你说得对。电商平台上表征图书质量的最好指标应该是评分。但是,评分是综合了图书质量、装帧印刷、物流快慢等一系列情况的结果,还有一些是系统好评、习惯性好评等,总之已经不能纯粹地反映图书质量了。"

既然如此,那我们就只能去看豆瓣了。

豆瓣虽然不直接销售图书,但豆瓣图书的评分和评价是较为纯粹的对图书本身的评价。

但由于豆瓣图书没有分类,只有若干标签,我们只好设计了一套简易的算法将豆瓣图书与电商平台的图书进行匹配。先按照isbn(国际标准书号)进行匹配,没匹配上的,再以豆瓣书名作为过滤器,对电商平台的图书书名进行过滤和匹配。

总体而言,在将豆瓣评分与电商平台图书匹配上之后,我们利用豆瓣评分,绘制出了三大平台各类图书的得分情况,见图2-15。

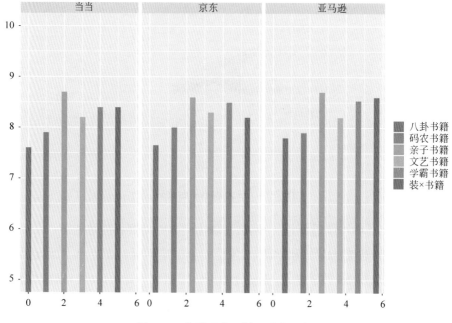

图2-15 各类图书豆瓣评分中位数

基本差异不大。毕竟大家卖的书都差不多。

但是,假如以豆瓣上图书的价格作为原价,而电商平台上的价格作为折扣价,就可以得到三大平台各类图书的折扣情况,见图2-16。

可以看到,三大平台最主要的折扣都落在6~8折,尤以7.5折居多。但相对而言:

(1)京东的折扣分布最为集中,基本在7.5折左右;

(2)亚马逊除了7.5折外,在6折处还形成第二个折扣高峰;

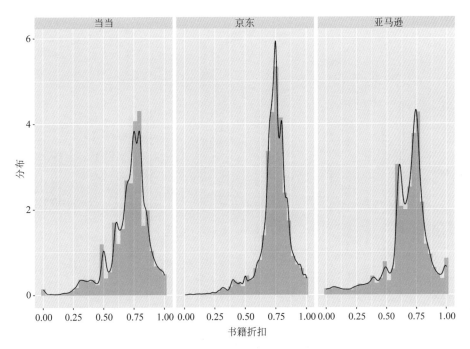

图 2-16 不同平台折扣密度分布

（3）当当的低价折扣最多，甚至在 5 折处还有一个折扣小高峰。

那么，究竟是哪些书在打折呢？见图 2-17。

区分图书类型可以发现如下内容：

（1）装×类书籍基本都不打折；

（2）码农类书籍的折扣力度比较小。只有亚马逊的折扣力度中位数低于 7.5 折；

（3）在所有品类中，折扣力度最大的是八卦类图书，基本上没有高于 7.5 折的。

"学姐你看，通过上述一系列的分析，哪类人该去哪个平台买书就一目了然了吧。"

假如你是文艺青年但很有钱，建议去文艺类豆瓣评分最高的当当；

假如你是文艺青年但还很穷，建议去文艺类折扣最低的亚马逊；

假如你是码农但很有钱，建议去码农类评分最高的京东；

假如你是码农但还很穷，建议你去码农类折扣最低的亚马逊；

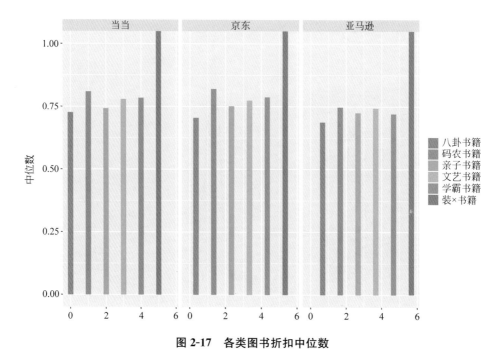

图 2-17　各类图书折扣中位数

假如你是学渣而且还很穷，建议你去学霸类折扣最低的亚马逊；

……

学姐走后，怀着一颗求知求真的心，我又单独针对豆瓣数据进行了一些研究，发现了一些有趣的现象。

首先，在最近 11 年里，被豆瓣收录的当年出版的图书数量在持续增加，与之相反的，图书的评价得分则在大幅下降，平均分从 2006 年最高的 8.23 分跌至 2015 年最低的 7.98 分。请看图 2-18。

其次，从图书的评论数量来看，2007 年是豆瓣图书的巅峰，当年出版图书的累计书均评论数和书均年均评论数都是最多的。此后，书均年均评论数呈现出在波动中呈现下降的趋势。换言之，在豆瓣图书上，经典依然是经典。而新书想要得到与旧书同等的关注，还需要一个过程，见图 2-19。

不仅如此，最后，豆瓣评分其实对电商平台上图书的销量也没有大的影响。我们综合了三大网站的销量替代数据，与豆瓣评价结合起来，可以得到图 2-20。

图 2-18　豆瓣图书数量与评分

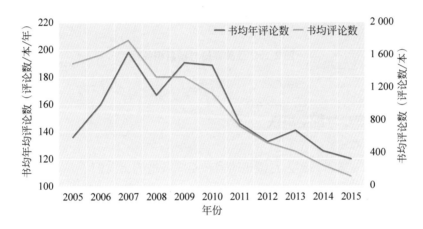

图 2-19　豆瓣图书书均评论数

"好书能卖得更好"？也许这个假设并不成立。

这几个现象反映出来的是，图书质量降低带来的评分和关注的降低，是读者的评价标准越来越高、越来越多元，是快餐文化冲击下造成的阅读兴趣越来越低，是豆瓣读者对普通读者的代表性不够，还是豆瓣平台的衰落？

一本书能不能成为"好书"，在其本身品质之外，还掺杂了许多偶然因素。

由于我们的数据不够充分，无法对这些问题进行更深层次的研究。但是，即使是对于阅读范围海阔天空，包罗万象，极其广泛的学姐，也有比选择在哪里买书更难的问题，那就是：在哪里才能买到一本好书？

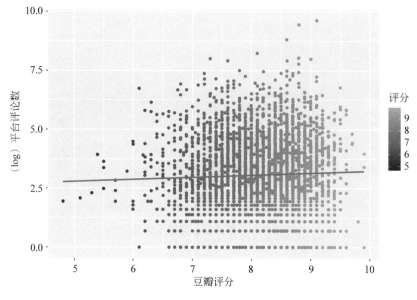

图 2-20 豆瓣评论与销量相关性

2.1.3 月薪多少才配坐高铁

快放假了，学姐又要去看望她的遍布祖国各地的男友们了。

没错，每当重要的假期来临，学姐就会开始认真地研究买火车票的问题：到底怎么规划行程，怎么控制预算，假如男友们坚持要一起坐车，怎么让他们彼此都无法发现对方的存在。诸如此类的问题，不用说，这出谋划策的任务又落在了我的身上。

果不其然，学姐又问了：哎，短短一个月，要去看那么多人，火车票就是一笔大开销。小团，你说我坐动车还是乘高铁呢？我这么点收入应该坐哪种火车比较划算呢？

划不划算的话，对于任何一班列车而言，其实都需要考虑三个重要属性：

(1) 列车区段；

(2) 运行时间；

(3) 车票价格。

在这三个要素中，运行时间和票价之间的关系十分明显，对于在同一区段里运行的不同车次,运行时间越短则票价越高。但对于学姐这样要游历全国的人来说,需要研究的就不仅仅是某一趟车了,而是全国多个区段的多种车次。那么,我们就不得不先研究以下的问题:

在全国尺度上来看,列车区段与票价或运行时间之间是什么关系呢?

我们以 2015 年 6 月某日的全国列车时刻表为例吧(数据是上个月某天心血来潮从网上抓下来的,是的,我就是这么任性)。该表共计约有 24 000 条区段信息(站到站信息),包括了站点、时刻、座位等级、票价等,一共覆盖了全国 235 个热点城市和 500 个火车站,见图 2-21。

图 2-21　全国铁道线路分布

好的,看着上面这张图,第一个问题来了:在全国铁路网中,哪些区段的时间更昂贵呢?

为了衡量"昂贵度",我们可以把任何一段线路上最高列车票价(Pmax)和列车最短运行时间(tmin)的比值(Pmax/tmin)作为参考。换句话说,我们可以简单地认为:**单位时间内支付的票价(时价比)越高,说明该区段越昂贵。**

在这个思路下，我们选出了全国所有区段上跑得最快的车次，然后计算出这些车次的时价比，再把其数值落在空间上，画图来大概是这样（由于区段间互有叠加，为了看得更清楚所以采用了站到站的直线显示方法，故而跟图 2-21 略有不同，见图 2-22）。

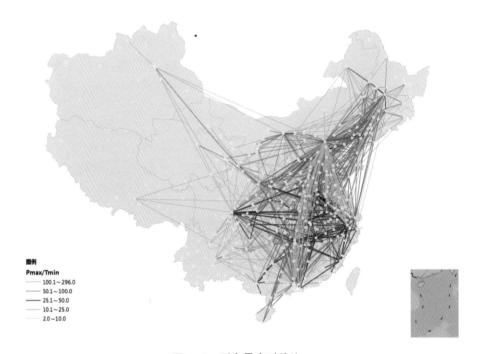

图例
Pmax/Tmin
—— 100.1～296.0
—— 50.1～100.0
—— 25.1～50.0
—— 10.1～25.0
—— 2.0～10.0

图 2-22　列车最高时价比

颜色越红，说明这两站点之间的区段越昂贵，颜色越蓝则反之。较为昂贵的区段大量地分布在京广、京沪、哈大这三条高铁线路上。其中，最贵的前五名区段见表 2-1。

表 2-1　列车最高时价比（前五名）

O 城市		D 城市	Tmin(min)	Pmax(元)	Pmax/Tmin(元/小时)
深圳市	至	广州市	28	74.5	160
广州市	至	深圳市	29	74.5	154
广州市	至	衡阳市	105	244	139
长沙市	至	郴州市	65	149.5	138
长春市	至	铁岭市	51	117.5	138

可以看到，京广线上价格颇高，而最贵的深广段已经达到了每小时 160 元的高价。

在了解完最贵的区段后，第二个问题又来了：

在全国铁路网中，哪些区段的时间更便宜呢？

同样的道理，我们可以把全国所有区段上最低列车票价（Pmin）和列车最长运行时间（tmax）的比值（Pmin /tmax）作为区段"便宜度"的参考值。换句话说，可以简单地认为：单位时间内支付的票价（时价比）越低，说明该区段越便宜。

在这个思路下，我们选出各区段上跑的最慢的车次，计算出这些车次的时价比，并落在空间线路上，见图 2-23。

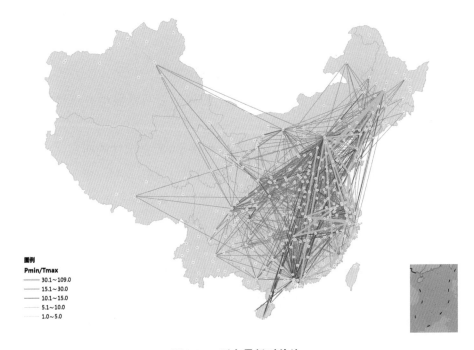

图 2-23　列车最低时价比

颜色越绿，区段越便宜，颜色越红，则反之。从图 2-23 中可以看到，很明显地，中西部地区的便宜区段要远远多于东部沿海地区。其中，最便宜的区段的前五名见表 2-2。

表 2-2   列车最低时价比（前五名）

O 城市		D 城市	Tmin(min)	Pmax(元)	Pmax/Tmin(元/小时)
廊坊市	至	北京市	185	4	1
太原市	至	石家庄	397	15.5	2
哈尔滨	至	大庆市	261	10.5	2
哈尔滨市	至	绥化市	225	8.5	2
北京市	至	张家口市	333	14.5	3

没想到的是，最便宜的区段竟然并不在偏远地区，而是北京附近的廊坊—北京段。我又查阅了一下车次，发现使这个区段最便宜的那班车，是廊坊北站到北京站的 K6452 次普通快车，票价只要 4 元，运行 3 小时，算下来每小时才 1 元多钱。廊坊果然是个好地方，只用买一个驴肉火烧的钱就能送你去首都。

通过以上两个问题的分析，我们可以看到，在全国尺度上不同铁路区段的时价比大相径庭。这样的话，不同类型的列车之间就很难有直接的可比性了。

于是，我弱弱地问：学姐，你男友实在太多了，而全国性的研究又十分困难。为了可操作性，你要不要删掉一些铁路支线上的男友啊。学姐翻了翻手机通讯录，羞涩地说："好吧，你说的也有道理。不如我就先去看住在昆山、苏州、无锡、常州、镇江、南京、宿迁、徐州、泰安、济南、沧州、北京的男友们吧。其他的让他们等下次假期再说。"

学姐果然温柔体贴，怪不得整个京沪线上全是男朋友。但这样也好，京沪线区段设定了，接下来需要分析车次了。查阅一下获取到的数据，6 月某日共计有 92 班京沪列车（京—沪、沪—京各 46 班车），其具体情况见表 2-3。

表 2-3   京沪列车情况

车型	班车数	运 行 时 间	价格(元)
高铁	80	4 小时 48 分钟～6 小时 3 分钟	(二等座)553
动车	8	9 小时 35 分钟～11 小时 47 分钟	(二等座)408
特快	2	15 小时 11 分钟	(硬座)177.5
普快	2	20 小时 14 分钟～22 小时 18 分钟	(硬座)156.5

然后,计算出每辆列车的时价比,得到图 2-24。

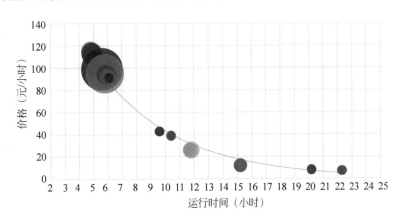

图 2-24　京沪列车时价比

在图 2-24 中,横轴代表运行时间长度、纵轴代表票价高低,气泡大小代表班车数量。

可以看到,在京沪线上,大部分列车的运营时间都保持在 6 小时左右,而时价比最高的京沪列车编号则分别为 G1/G2/G3/G4,达到了 115 元/小时。

也就是说,假如学姐要坐这四班车去看男友们,那么每个小时要支付 115 元。

这是什么概念呢?

我们来做个比较。根据上海市统计年鉴,2013 年上海市的平均工资 62 203 元/年。按每年工作 12 个月、每月工作 22 天、每天工作 8 小时计算的话,平均时薪大约是 29.5 元/小时。嗯,没错,这大概是高铁时价比(115 元)的四分之一。

因此,理论上来看,坐高铁每小时所花掉的钱,是远远大于上海大部分人的时薪收入的。那么,反过来看,要月收入多少才能坐高铁呢?

答案是:当月薪到 2 万元时,你的时间就和高铁一样值钱了。

先别着急跟自己比较,我们不妨再往深处挖掘一下。

我们再进一步整理统计年鉴中 2013 年北京和上海的数据,根据行业大类计算出每个行业的时薪,然后叠加在京沪列车的时价比上,可以得到图 2-25。

可以看到:

(1)上海市的金融业平均时薪约 84 元,勉强赶得上最便宜的高铁;

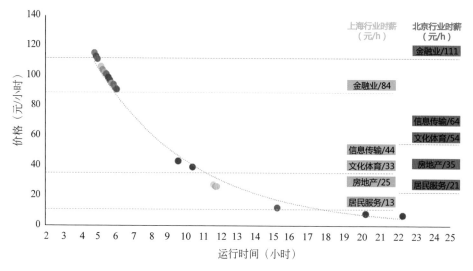

图 2-25　京沪列车单位时间价格

（2）而北京的金融业平均时薪约 111 元，幸运地可以赶上较快的高铁，但也只是二等座而已；

（3）而其他大多数行业的时薪都没赶上高铁，只在动车的价格附近徘徊；

（4）至于从事餐饮业、居民服务业和在上海务农的小伙伴，建议你们还是考虑乘坐普通列车吧。

听完这个结论，学姐陷入了久久的沉默之中。我感觉她可能再也不想见自己的男友们了。

我看着她悲怆的眼神，忍不住说：学姐，你先不要绝望。实际上，我还有一个好办法。

学姐赶忙抓住我的手，问：什么办法？

我说：心诚则灵。

学姐问：什么意思？

我说：意思是，你必须下定决心不顾一切地去看你的男友们才行。

学姐问：这有什么不一样吗？

我说：当然不一样。学姐，假如你已经决定了要坐火车去某地看你的男友们，排除万难一定要去，那么无论如何你都会买一张票。在这样一种新的设定下，你需要参考的已经不再是某一趟列车的时价比，而应当是你最终所选择的那趟列车的时价和你所能选择的最低时价之间的差值。

换句话说,当你下定决心一定要去之后,你就不需要再考虑这趟旅途每小时需要支付多少钱的问题,而需要考虑的是:这趟旅行你会节省多少时间,而为了省这些时间,你要多支付多少钱。

而这个下定了决心之后的公式为

$$dP/dt=(Pmax-Pmin)/(tmax-tmin)$$

我们用这个新公式来计算一下结果,为了缩短在京沪线路上的时间,你需要额外支付多少钱呢?

京沪列车时间的边际价格见图 2-26。

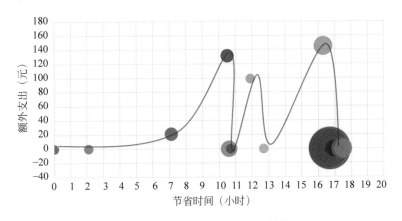

图 2-26　京沪列车时间的边际价格

从图 2-26 可以看到,京沪列车的时间价格并不是连续变化的,而是有 4 个跳跃点。每一个点就是一次车型等级的变化:

(1)假如你乘坐历时 22 小时的、最慢的那班车,你只需要支付 156.5 元的硬座票价;

(2)如果你想把时间缩短 7 个小时,需要额外再支付 21 元;

(3)想要把时间缩短 10.5 个小时,需要再支付 131.5 元;

(4)想要把时间缩短 12 个小时,需要再支付 99 元;

(5)想缩短 16 个小时甚至更多,需要再支付 145 元。

156.5+21+131.5+99+145=553 元,没错,这就是高铁二等座的价格。

然后我们再把跳跃的价格平摊到每一个小时,就可以得到京沪列车的价格增益曲线,见图 2-27。

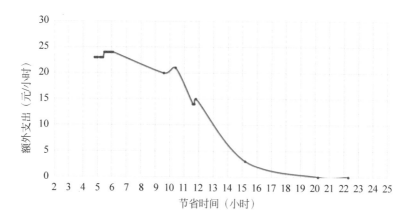

图 2-27　京沪列车的边际时间价格增益曲线

虽然图看起来很抽象，但可以清楚地看到，纵轴标示的数量级顿时下降到了 30 元以内。是的，如果学姐选择了乘坐运行时间约 5 小时的那班高铁（图 2-27 中最左端的点），那么与普快相比，可以节省 17 个小时，而你为这 17 个小时额外支付了多少钱呢？

答案是：396.5 元。即每个小时价值 23 元。换算到月薪大约 4 050 元。

好吧，学姐，假如你已经下定了排除万难、不顾一切地去见你的男友们的决心，那么究竟要不要选择坐高铁，可能只剩下最后一个问题了：

你的月薪超过 4 050 元了吗？

写在后面的话。

学姐的薪水涉及个人隐私，我不便在这里透露，至于学姐最后是否买了高铁票去见到了她的男友们呢？我也不得而知。

我们根据统计年鉴上所记录的各个行业平均收入，非常贴心地列出了推荐乘坐的列车类型和班次，见表 2-4。

表 2-4　京沪职业与推荐车次

对应月薪(元)	上海职业	北京职业	推荐车次
4 050 以上	其他行业	其他行业	高铁
3 520 以上	建筑业、零售业	住宿和餐饮、居民服务业	D316／D319

对应月薪(元)	上海职业	北京职业	推荐车次
2 460 以上	农林牧渔业、住宿和餐饮业		D311/D312/D313/D314/D321/D322
2 460 以下	居民服务业		T109/T110/1461/1462

2.1.4　哪些公务员最辛苦

大清早,学姐就推开我寝室的门,说道:"我妈又打电话催我准备国考了。"

没错,这就是最近学姐和我之间的主要话题。什么考公务员考到哪里啦,公务员工资高不高啦,工作是不是很轻松啦。其实我觉得这些都不是什么重要因素。收入? 轻松? 还要考虑这些事? 难道当一名光荣的公务员的主要原因不应当是希望自己能够鞠躬尽瘁死而后已地致力于为人民服务的伟大事业吗?

当然,这些话我并未出口,大清早的我实在不想再被学姐打了。但为了结束这个絮絮叨叨的话题,我还是决定帮助她研究这么一个小问题。

学姐啊,公务员收入什么的我实在搞不清楚,但我们不妨来看看:当一名光荣的公务员,到底有多辛苦呢?

——以下是正式的回答——

假如只是四处打听一下的话,会发现消息往往是两极分化的。城市公共部门工作的小伙伴们总是有的忙碌,有的清闲。毫无疑问,个体的遭遇总是难以预料的。

但是总体情况如何呢?

以上海为例吧。我们登录上海市人民政府的官方网站,可以看到上海政府已经非常贴心地把各级各类的城市公共部门信息都公布在了网站上,另外加基层一线的上海所有镇人民政府,我们把这些部门办公楼(共计 704 栋)整理下来,按照类型和级别把它们放在地图上,见图 2-28。

那么,在这 700 多个公共部门办公楼工作的人(我们假设这些就是上海主要的公务员们),他们的总体工作状态究竟是怎样的呢?

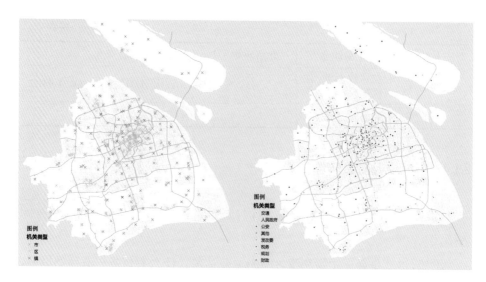

图 2-28   上海政府机关分布

事实上，我们没有办法去查看每个部门的打卡机，通过精确的出勤信息做出精准的分析。但非常恰巧的是，我的计算机正好放着一组来自TalkingData 的数据①，是关于上海移动设备的大比例抽样数据（300 多万个）。太好了，让我们用这组数据来挖掘一下上海公共部门的工作状况吧。

第一步，需要定义这些公共部门在法定工作时间内的工作状态。

假设，这些公共部门的公务员们会认真地且相对固定地于 9：00～17：00在办公室上班，那么，我们则需要找到每个办公地点内在以上时段内高频度出现的移动设备源即可。而这些移动设备源的集聚状况在某种意义上代表了该部门的法定时间工作状况（根据地址频度显著性、分时段地址差异性等各项指标，共筛出来质量较高的约 2 万个样本落在了 704 栋办公楼的缓冲器内）。我们将移动设备源按位置汇总到各个单位，见图 2-29。

---

① 本文所使用的移动设备数据来自 TalkingData。TalkingData 的数据收集依赖于设备使用者的授权，TalkingData 不会收集姓名、手机号、通讯记录、居住或通信地址等跟人身份信息。TalkingData 的数据服务也是匿名化和模糊化的。本文中所使用的数据，对设备 ID 均做了匿名化处理，不仅无法对应到具体个人，也无法对应到具体设备。研究中，对地理位置数据也做了空间和时间两个维度上的模糊化，使用这些数据无法跟踪，定位具体个人，也不能用来确定个人身份。

其他相关数据均来自互联网开源数据或公开数据，由城市数据团提供。

图 2-29　公务员数量分布（昼）

从图 2-29 中可以看到，工作人员规模最大的公共部门均分布在内环线以内，其中，浦东新区和徐汇区的若干公共部门在工作人员总数量上遥遥领先。

第二步，需要定义这些公共部门在法定工作时间之外的工作状态。

假如某单位工作异常繁重，而领导的爱好又是临近下班时间过来说："小团同志啊，这个文件你写一下，我明天早上要。"为了满足领导的需要，可怜的公务员下了班之后往往不能直接回家，还得在 18：00～22：00 这个时间段里加班。

基于以上假设，为了描绘出公共部门在法定时间之外的工作状态（其实就是加班状况），我们需要从以上数据中再一次筛选出在同样时间段内（18：00～22：00）仍然在工作地点高频出现的移动设备源。将筛选出的样本（差不多剩下 8 000 个）依然汇总到单位，见图 2-30。

可以看到，加班总人数的分布和工作总人数分布基本相符，浦东新区与徐汇区仍然领先。仔细观察的话，在法定工作时间之外，高频度移动设备源聚集量最大的部门是（冠军来了）：

浦东新区地方税务局。

看，我们纳税纳得连收税的都得加班加点了。

图 2-30　公务员数量分布（夜）

但是，我们需要注意的是，加班人员总量（法定时间之外的）并不能完全反映该部门的忙碌程度，也许这个部门本来就人多呢。因此，为了相对真实地反映该部门的加班状况，我们还需要第三步。

第三步，计算不同公共部门的加班人员占比。

很简单，将第一步和第二步筛选出的两组数据相除，就可以得到每个单位加班人员的占比，见图 2-31。

可以看到，市中心高高的红色柱子消失了，它们在郊区零零星星地长了出来。

虽然郊区公共部门的加班工作人员总量与市中心不可比拟，但是其加班人员的比例还是相当高的，而市中心某些地区甚至出现了塌陷。这是怎么回事呢？

这时候，学姐打断我的分析，问道："会不会是这些郊区的工作人员下了班之后赖在办公室不走，喝茶、聊天、打牌呢？反正我们老家的公务员都是这样的，都是五点下班但赖到七八点才回家或者去外面吃饭。"

的确，以我们所能掌握的数据是无法排除这个可能性的。但是，上海与一

图 2-31　公务员加班比例分布

般小城市的差别在于上下班回家的通勤时间是截然不同的,以平均通勤时间
42 分钟计算,假如赖到七八点才走,那晚饭就很难指望,回到家也只能洗洗
睡了。

因此,本着关怀的精神,让我们再增加一个步骤。

第四步,验证一下看看,这些加班的公务员们,他们都住得离家远吗?

假设,在领导第二天要看文件的强烈需求下,公务员们虽然很努力地加
班,但是不至于总是干通宵啊,一个礼拜也得有个三五天回家睡觉吧。在家时
间可能不会很长,差不多也就是在 24:00~6:00。

基于这个假设,我们找到了步骤二中筛选出的那些移动设备源在以上时
段(24:00~6:00)内高频出现的地点,将至视为该工作人员的居住点。然后将
这些点与工作部门所在地进行连线,可以得出一张加班人员通勤 OD 图,见
图 2-32。

图 2-32 中的红点,标示相应的公共部门所在地;而绿线,则表示加班的公
务员回家的通勤方向与通勤距离。

可以看到,分布在远郊的红点们,其中很多的通勤连线都紧紧地联系着市

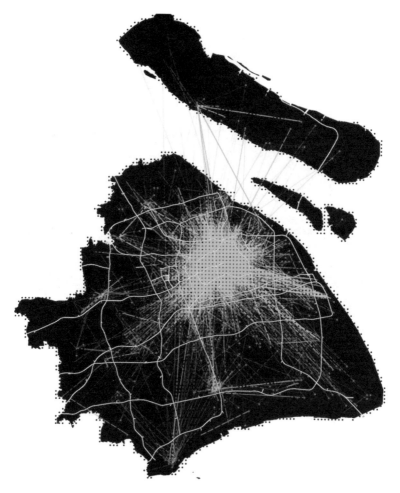

图 2-32   公务员通勤 OD 情况

中心，甚至有些是相距甚远之处，比如金山、临港等地区。可以这么理解：对于某些在郊区工作的公务员来说，假如一不小心在办公室多赖了一会儿，这样也就不用考虑回家这件事了。

学姐忍不住问道："郊区的公务员真的都住得那么远吗？还是这只是个别现象？"

我们可以将以上结论做一个分区的统计，见图 2-33。

从通勤角度来看，的确，大部分市区的加班公务员通勤距离差异不大，保持在 8 公里左右。但是郊区加班公务员的通勤距离则差异极大。比如，嘉定、松江、青浦和奉贤，在这四个传统区县里，加班公务员的通勤距离非常短，仅有

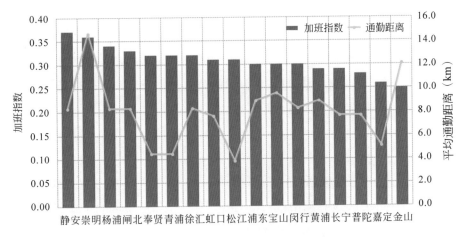

图 2-33　各区公务员加班指数和通勤距离

5 公里,但对于金山和崇明而言,则达到了 12 公里以上。

从加班指数(加班人员占比)上看,每个区也均有不同。可以看到,公务员加班指数排名最高的三个区分别为静安、崇明和杨浦,加班比例达到了 35%。而相对比较轻松的则是金山、嘉定和普陀,其加班比例略低,但也在 20% 以上。

我愉快地做完了这个分析,试图结束这个话题。但学姐又发话了:"考公务员的话,有可能不是按片考的,是按部门吧。"

啊,好像真的是这样(我真的应该认真去看一下公务员考试指南了)。那么好的,让我们按照公共部门的类型整理一下分析结果(只包括了按照官网分类标准能够准确分类的,无法准确分类的被我无情地剔除了),见图 2-34。

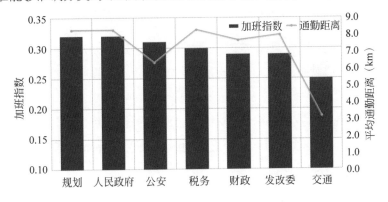

图 2-34　不同职能政府部门公务员加班指数和通勤距离

从图 2-34 上可以看到，加班指数最高的公共部门分别是城市规划部门，其次是人民政府和公安系统，所幸警察叔叔们的通勤距离还不算太长。依次排序下来，则是税务、财政、发改委。以上六类虽然通勤距离各有差异，但是加班指数均在 30% 左右。而相对较为舒适的公共部门看起来还是交通系统啊，加班指数最低(约 25%)，而通勤距离也最短(3 公里)。

我若有所思地自言自语道：看来我要劝告那些学城市规划的弟弟妹妹们，赶紧转行学城市交通才对啊。

这时，学姐第三次发话了："我觉得你这么分析还是不科学啊。难道区规划局和市规划局、区政府和市政府的加班、国税局和地税局的工作模式一样吗？部门类型内部可是差异极大的啊。"

好吧，让我再次将这些公共部门按照等级分类，分到市、区、镇三级(上海基本上没有国家级部门，有少数几个被归类在市一级了)。见图 2-35。

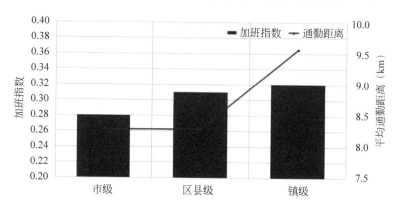

图 2-35　不同级别政府部门公务员加班指数和通勤距离

我指着屏幕，说道："喂，学姐你看。市级部门的公务员平均加班比率最低，不到 30%，通勤距离也比较短；而镇级加班率最高，通勤更是达到了 9.5 公里……哎，学姐你看啊。"

学姐没有搭腔，我转过头来，发现她已经把手机贴到了耳边，并对我做了一个嘘的手势。我赶紧闭上了嘴，隐隐地听到她手机听筒里嘟了两声之后接通了，然后她急匆匆地问道：

"喂，妈，你在市里面有人吗？"

2.1.5 奔赴大城市，还是回家乡

一年一度的毕业季如期而至。许多学长学姐在毕业找工作的这段日子里都会问我一个问题：我是应该留在上海呢，还是回家乡呢？

但往往还没等我回答，他们自己就先开始分析了：上海的工作机会多，但是压力大；家乡工作可能比较无聊，但是可能比较轻松，离父母近，也方便。但男朋友/女朋友怎么办，要换一个么。诸如此类，等等。听完一个小时的絮叨之后，他们终于会问：那么，你怎么看呢？

为了回馈他们的絮叨，我也决定开启絮叨模式，于是，我说：要回答你这个问题，我需要讲一个比较长的故事，你有耐心听吗？

五年后的今天，我们回过头来看，2010 年中国的人口年龄结构见图 2-36。

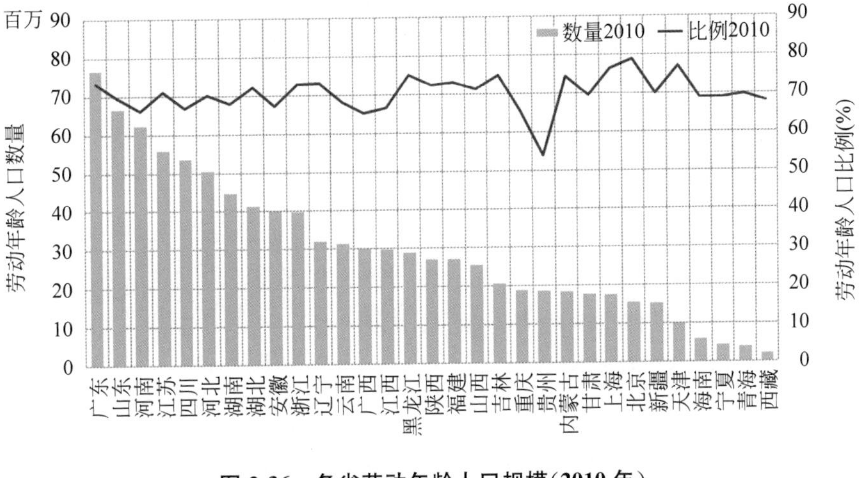

图 2-36 各省劳动年龄人口规模（2010 年）

通过第六次人口普查数据可以看到：2010 年，虽然我国各省级单元（省、自治区、直辖市）劳动年龄人口（可以简单地理解为劳动力）的总量各异，但其劳动年龄人口比例都处于 60%～80%（除贵州以外）。像北京、上海、天津这种直辖市，其比例甚至达到 70%～80%。

换句话说，全国劳动力充沛到如此程度。

横向对比一下，即使是全球一线城市，伦敦、纽约、东京，它们的人口年龄

结构预期也不过就是在这个区间而已，见图 2-37。

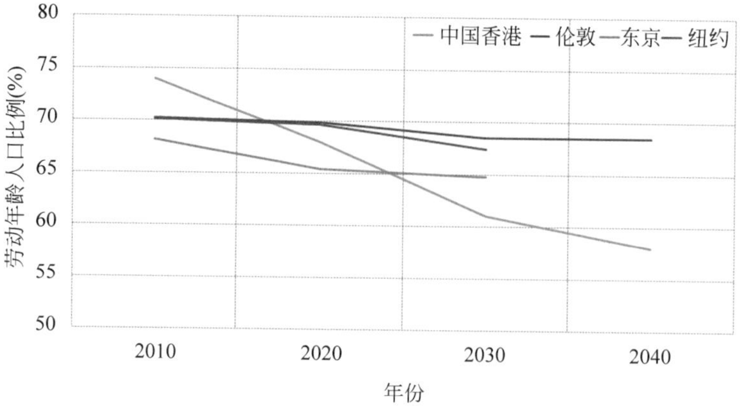

图 2-37　全球城市劳动年龄人口比例趋势预测

但即使在这么一片形势大好的情况下，我们还总是偶尔能听到一些人口或经济学家在时不时发出忧患的感叹声。他们在担心什么呢？

他们担心一个数，叫作总和生育率，而第六次人口普查统计指出，中国的总和生育率仅为 1.18，这是一个远低于代际更替的值（要在 2.1 以上才能实现代际更替）。

低了怕什么，开放二胎政策好了，甚至未来开放生育限制，难道还怕人不够吗？事实远非如此。在提高生育率这个问题上，许多学者均做出了不同结果的判断。如计生委信誓旦旦地说只要放开二胎政策，我国生育率就会噌噌噌地提高 1.5 倍，但有些专家认为你放开八胎也没用，生育率最多也不过能提高 1.06 倍而已，众说纷纭争执不下。

在这个问题上，我们不妨引用梁建章的研究看看。梁建章曾经对中国知网 1990—2010 年共 211 篇中国生育意愿（理想孩子数）的文章进行了整理，得出结果，见表 2-5。

表 2-5　中国生育意愿

中国生育意愿	1990—2000 年	2001—2010 年
城市居民	1.46	1.39
农村居民	1.83	1.79
外出务工	缺失	1.73

可以看到，从 20 世纪 90 年代到 21 世纪初，中国整体生育意愿是降低的，而城市居民的生育意愿更远远低于农村居民和外出务工人员。假如，未来中国的生育率能够达到 1.4～1.8 的水平，倒也是一个不错的结果。然而，生育意愿并不能代表实际生育率，二者之间往往有着巨大的差异。在日本和韩国的调查中，生育意愿都超过 2，但实际生育率却都不到 1.4。根据上述数据，梁建章认为，在没有任何限制下，中国的自然生育率也不会超过 1.7。

好吧，我们就假设中国再无生育限制，那么在最好的情况下，全国的总和生育率能够提高到 1.7（即 2010 年水平的 1.44 倍）。那么会看到怎样的结果呢？我们将 1.7 这个值放入人口推算模型中，得出结果，见图 2-38。

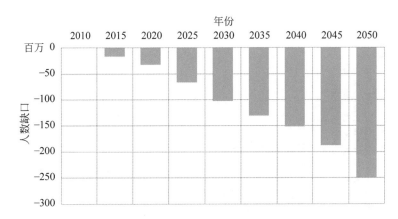

图 2-38 全国劳动年龄人口数量缺口预测

如图 2-38 所示，即使生育率上调至 1.7，但自 2010 年起，劳动年龄人口水平仍在一路下跌：

至 2030 年，全国劳动年龄人口预测将减少 1 亿人；

至 2040 年，全国劳动年龄人口预测将减少 1.5 亿人；

至 2050 年，新中国成立 100 周年之际，全国劳动年龄人口预测将下降 2.5 亿人。

2.5 亿劳动年龄人口，很多吗？

我国 13 亿人口，区区 2.5 亿人的减少而已，算什么，正好帮助解决了人口过剩问题。连计生委也涨红了脸，掐指一算，问道：19% 缩减而已，人口的事，算是危机吗？

这个计算没错,2.5亿劳动力的净减少,对于13.3亿人口而言,貌似只是19%的缩减,但它背后还隐藏着年龄更迭的杠杆作用:

看上去只有19%的缩减,但实际上却使全国的劳动年龄人口占比缩水了27%,直接下降到51%的危险地带;同时相应地,老龄率也将从13.7%暴涨到31.3%。

这是毋庸置疑的人口危机。

幸运的是,中国是一个大国,因此人口的危机也并非均等地分布在所有的城市和地区当中。但不幸的是,这2.5亿劳动力缺口的黑锅,总是需要有人来背的。那么,到底是谁来背呢?

我们不妨先来看一下全国尺度的人口流动图,见图2-39。

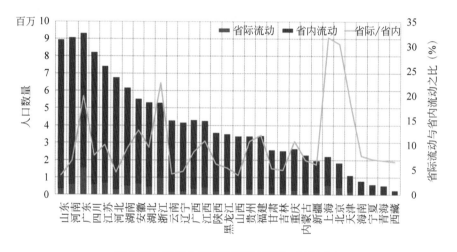

图2-39　各省人口流动规模(2005—2010年)

2005—2010年各省流动人口规模上来看,在各自省内流动的人口比例占了全国人口流动总量的大头。大部分省级单元的省级流动比例均低于10%。也就是说,全国的人口流动性基本上被封闭在省一级的单元当中。而能够产生较大规模(大于10%)跨省人口流动,大概只有这六个地区:北京、上海、天津、浙江、广东、福建。

那么,这些地区在跨省的人口流动中又扮演什么样的角色呢?见图2-40。

我们把省内流动数据剥离出去,只保留省级之间的人口迁移,从图2-40中可以清楚地看出,北京、上海、天津、浙江、广东、福建,这六个省级单位的跨

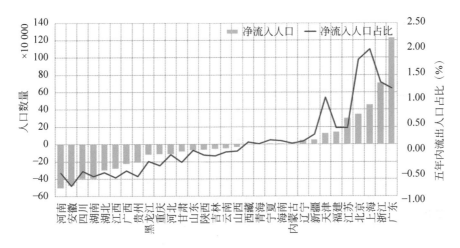

图 2-40　各省人口净流入数量（2005—2010 年）

省人口流动，全部都是净流入。

是的，它们不生产人口，它们只是人口的抽水机。

而它们抽取的水源，则来自图 2-40 中排名靠后的那些省：**河南、安徽、四川、湖南、湖北、江西**等。总体而言，抽水的省远远少于被抽的，这是一个清晰的遵循幂律规律的世界。

我们可以在空间上清楚地看到这两者之间的差异。见图 2-41。

从图 2-41 中可以清楚地看到，大半个中国的人口，以省为单位来观察的话，全都在净流出，而少数净流入的地区，则集中分布在东南沿海和北京天津两地。

因此，到底是由谁来背未来的 2.5 亿劳动力缺口的黑锅呢？

我不知道。但我知道的是，这有可能是图 2-41 中偏黄色的任何一个地区。

2050 年，2.5 亿劳动力的净减少，下跌至 51% 的劳动年龄人口占比，以及高达 31% 的老龄化率。35 年后留给中国的并不是一个美好的未来。毫无疑问，"衰落"与"收缩"，将取代"发展"与"建设"，成为未来的我们和我们下一代更为熟悉的词汇。

客观地说，在中国无法做到像美国一样以优质和稳定的移民来确保自身整体人口结构合理性的情况下，有些地区就必然会衰落，或者是乡村，或者是

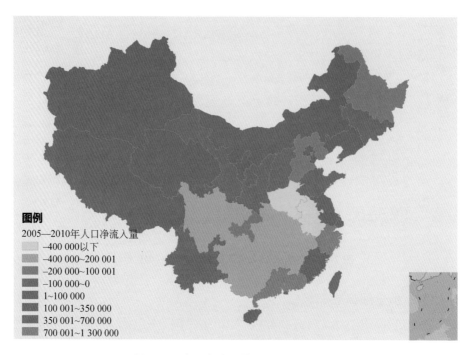

图 2-41　人口净流入量（2005—2010 年）

城市。就像今天的日本一样。全日本人口都在减少，无数村庄城镇衰亡凋败，但只有东京和大阪都市圈依然挺立。

在人口负增长的时代，大都市将毫不留情地抽取周边地区的劳动力资源，以便自己能够生存。残酷吗？不，因为这是年轻劳动力自己用脚投出的结果。

未来的中国也一样。

最后，为了更清晰地看到未来，我们可以简单设计这样一组计算：

假如，北京、上海、广州三个一线城市的劳动力总量（比例就不提了）在 2050 年时仍然能够维持 2010 年的水平。

那么，这三个城市需要从哪些省抽取多少劳动力资源才够呢？

完成这个计算一共需要四步。

第一步，先取出这三个城市净流入人口的来源进行分析，见图 2-42～图 2-44。

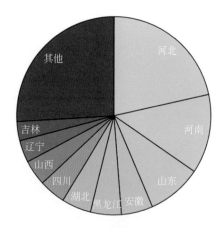

图 2-42　北京外来人口来源地（2005—2010 年）

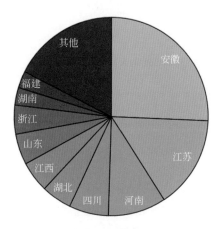

图 2-43　上海外来人口来源地（2005—2010 年）

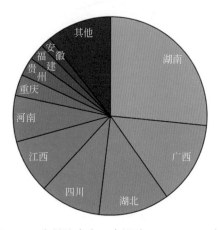

图 2-44　广州外来人口来源地（2005—2010 年）

第二步，综合这三个城市的外来人口来源地的比例分布，计算后选择了前十名的省，确定为"北上广"的劳动力补给省，见图2-45。

黑龙江　　江苏　　山东　　福建　　四川

湖北　　河北　　安徽　　湖南　　河南

图2-45　外来人口输出大省前十名

第三步，计算"北上广"至2050年的劳动年龄人口数量缺口。我们假设这三个一线城市2010—2050年都不再有移民进入，那么其劳动力的缺口见图2-46。

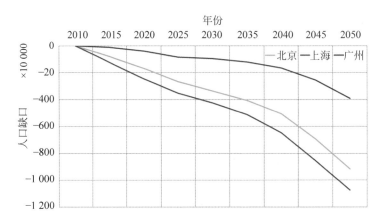

图2-46　北上广劳动年龄人口数量缺口预测（2010—2050年）

第四步，将这三个城市的2050年劳动力缺口值按照比例分配到"供给省"，并且推算"供给省"在2050年的人口自然变化值，将这两个值叠加起来，即可看到在"北上广"抽满之后这些"供给省"所剩下的"血量"，见图2-47。

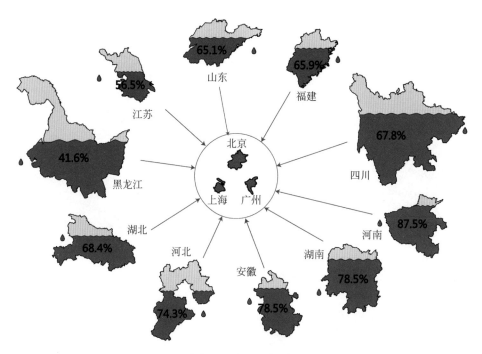

图 2-47　外来人口输出大省剩余"血量图"

当然，这只是这些省被北上广"抽血"后的情景。其实这些省本身也有不少"抽血"大省，比如江苏。它虽然被上海抽掉不少，但是它还能从临近的安徽、河南等地补回来一些。总体而言，假如要考虑全国情况，这张图里有些省的"血量"会变得更低。

写在最后的话：

现在的年轻人总是在犹豫，究竟是要回归生活惬意的小城镇家乡，还是奔赴大城市或者"北上广"辛苦打拼开拓人生。包括我的同学朋友，也会问我这样的问题。

这是每个人自己需要去做的选择，我们无法干预。

但我想对他们说的是：

你还能在这些选择中犹豫，说明你无比幸福，因为你们的下一代和下下一代可能不会再有任何选择的机会。假如你最终选择留在了一个生活安逸风景如画的小城镇上，你也许会幸福地过完一生；但在你的子女到了你这个年纪的时候，很可能他们有且只有一个选择，那就是奔赴大城市。

就是这样。

2.2 在创业的风口上

江湖传言,如果你想认识创业者,就随便找一家咖啡厅走进去。

江湖传言,随便找一个退休大妈问一问,她就算不知道 OtO,也一定知道 O2O。

江湖传言,这是资本最疯狂的时代,也是最谨慎的时代。

本节将带领大家去感受创业者的热情与创业路上的艰辛。

2.2.1 一个估值 10 亿美元的养猪 O2O 项目

王大鹏准备去农村养猪了,临出发前他约我出来吃饭。

他说:养猪是个大风口。

我问:为什么?

他说:在风口上,猪都可以飞起来,因此我非养猪不可。

我说:哈哈。

他又说:所以我准备去做养猪 O2O。

我问:怎么做呢?

他说:很简单,线下养猪,线上卖。

我问:那你要开个养猪场?

他说:不,我做养猪平台。我先砸钱,做地推,收购线下养猪场,然后做个 APP,在线上强力推广,贴钱卖,别人卖 19 块一斤,我卖一块钱 19 斤。每天半夜 12 点开放预购。秒杀。维度打击。灭掉所有卖肉的,然后形成垄断。然后做社群,再做生态。继续卖鸡、卖鸭、卖牛、卖羊、卖蚂蚱。

我说:牛。

他说:我这个故事特别大,人力、财力全到位了,光天使轮就估值 50 个亿,手下团队共一千人,现在就准备买火车票去全国各地了。

我说:那你赶紧去啊,找我来干啥?

他说:不是,在买票之前,我问一下,你说我去哪收购养猪场更好呢?

说完,他用热情燃烧的眼神看着我。

其实我并不擅长回答这个问题。养猪属于畜牧业,一般而言是在非城市地区发展的。但是看着他热情燃烧的眼神,我决定还是帮他一把。

于是,我去打了个电话。一个计量经济学的好朋友发给我一份全国县域经济普查数据。我找到了肉类产量这一经济指标,把它放到全国尺度去看,见图 2-48。

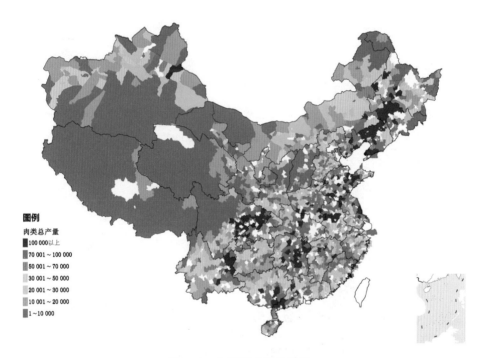

图 2-48　各地区肉类总产量

从产量上看,全国的肉类产量地区形成了一条明显的带形走廊,从东北地区斜着一直拉到海南,同时在四川盆地和云南一带还形成了一个连绵的地区。其中,大概统计一下的话,年产量在 50 000 吨以上(标注为红色)的县级单位一共有 581 个。

581 个县,假设每一个县的"收购养猪场地推小组"定为 10 人的话,为了一次性地形成平台级垄断,王大鹏起码需要 5 810 个人。因此,尽管手握着 1 000 人的豪华地推团队,王大鹏也不禁有些担忧了。

他问:这也太多了吧,我们能不能再精选出来一些呢?

好吧，"送佛送到西"。其实，仅仅选择肉产量的话，的确并不是那么科学，不如细化一下指标。但在此之前，我还需要先了解一下具体需求。

于是，我问：关于这个项目，你有什么深入的想法呢？比如对这些要收购的养猪场还有什么别的要求吗？还是说这是商业机密，不能随便讲？

王大鹏的眼神又开始燃烧，变得滔滔不绝起来：

这可是高度机密的商业计划，不过以我们俩的关系，但说无妨：

第一，我打生态牌。

养猪场周边环境好，客户体验也得好。A轮我准备再融10个亿，收购1家智能家居公司，上各种智能设备，什么摄像头、空气净化器，每个猪圈配一个。摄像头直连客户手机，点开一看猪全生活在青山绿水之中。

达到这个要求，用什么指标比较好呢？我灵机一动，按照中国农村的发展特性来看，工业必然带来污染，那么，工业产值越低生态环境肯定越好啊。

我从经济普查数据里找到了工业产值的指标，标准化以后落在全国尺度地图上，见图2-49。

图2-49　各地区工业指数

从图 2-49 中可以看到，颜色越绿，也就是我们认为的环境越好。总体而言，环境比较好的地区在东北、西北、东南山区和整个西南地区。

但还没等我把这张图给王大鹏展示出来，他已经继续开始新的滔滔不绝了：

第二，我打物流速度牌。

B 轮我准备再融 20 个亿，收购 10 家冷鲜物流公司，推出猪肉闪电送业务。保证晚上下单上午送到。广告词我都想好了：我们不是猪，我们只是猪的搬运工。

达到这个要求，用什么指标比较好呢？但还没等我思考新的指标选什么，他已经无法阻止地继续滔滔不绝了：

第三，我打人力资源本地牌。

想想看，我天使 AB 轮几十个亿砸进去，养猪产量立马翻上百倍，全村人全得去养猪。人力资源得够用，何况就业率一上去，县委书记们都排队等着跟我谈笑风生。

第四，我打人力成本控制牌。

用人得便宜，不光是养猪。C 轮我还准备再融 50 个亿，搞一家物业公司，建保安、兽医和环卫团队，每 5 个猪圈配一个。一年后，从猪圈物业直接升级房地产物业，弯道超车。拆分上市。

但我危机意识很强。

所以，第五，我还得打竞争壁垒牌。

当地网络普及水平得足够低，最好全村连个宽带接口都没有，村民没见过淘宝，手机全是诺基亚，连 QQ 都不会用。否则我这主意这么好，被 BAT[中国互联网公司百度公司（Baidu）、阿里巴巴集团（Alibaba）、腾讯公司（Tencent）三个巨头首字母缩写]抄袭了怎么办？

怎么样？帮我看看，能够满足我这些要求的养猪场都在哪里？

本来只是抱着帮忙态度的我，此时已被王大鹏说得热血沸腾，恨不得马上就跟着他私奔乡间，走上靠养猪改变世界的梦想之旅。但本着科学的精神，我还是弱弱地问道：你这个指标太多了，我还要再去搜索更多的数据才行，同时建模筛选验证也要不少时间，你看我下个礼拜给你算一个初步结果怎么样？

王大鹏一拍桌子：互联网行业怎么能等结果等一个礼拜呢？必须得快，现在！马上！

我被他的决心深深地震撼了，于是我也一咬牙：好吧，那我现在就给你选指标出来。

（1）肉产量指标。区县经济普查数据，已搞定。

（2）环境指标。用工业指标对数替代，已搞定。

（3）物流速度指标。怎么处理？以该县到最近的省会城市（可能并不是本省）的距离作为速度指标吧。一般而言，中国的物流体系是按照"省市地县"的层级排序的，省会往往是地区性的物流枢纽。已搞定。

（4）本地行业人力资源指标。怎么处理？用该县从事农业的人数来衡量吧，虽然可能种粮食种蔬菜跟养猪不是一回事，但是比起做二产、三产的人而言，起码一产从业者看过猪跑吧。就选这个指标了。已搞定。

（5）本地人力成本指标。怎么处理？用县区人均储蓄水平来衡量吧。人穷成本低，逻辑很通顺。已搞定。

（6）网络普及指标。怎么处理？用淘宝网商指数来衡量吧。

很快，我把这些指标都计算完毕，落在了全国尺度的空间上，见图 2-50。

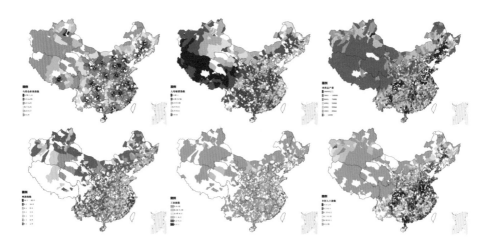

图 2-50　各地区多个养猪指标

图 2-50 中按从左到右顺序,第一排和第二排分别为:肉产量分布、环境指数分布、最近省会距离分布、县区农业人口数量分布、人均储蓄分布,以及阿里网商指数分布。

我和王大鹏并肩坐着,看着这华丽的版图,仿佛看到了美好的未来。

忽然,王大鹏打破了沉静,问:这些数据说不定投资人都见过,有没有更炫酷的计量模型核心算法什么的?

这个简单。如何利用这六个指标建立一个可以应用在 O2O 商业模式中的模型呢? 我们可以对物理学中的耦合度模型进行改造,做出一个"猪肉收购终极模型"。具体内容如下所述。

假如,王大鹏在猪 O2O 项目中,要求每一个指标都不能很差,尤其不能出现明显的指标短板,也就是说要遵循"水桶效应",那么我们可以采用耦合度模型。

假如,王大鹏在养猪 O2O 项目中,更希望有某些指标表现得特别突出,把一两个痛点做到极致,无所谓是否有短板的话,那么我们可以采用综合发展模型。

假如,王大鹏在养猪 O2O 项目中,更希望在耦合度和综合发展上都能够稍微兼顾一点,求一个稳妥的中间路线的话,那么我们就把两个指标结合起来做个"猪肉收购终极模型",见图 2-51。

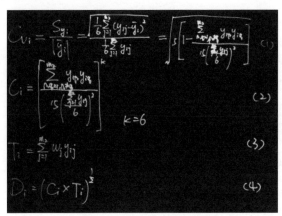

图 2-51　猪肉收购终极模型

我在黑板上写完这些公式，正准备解释的时候，王大鹏用他热情燃烧的眼神打断了我：

太好了，反正投资人也听不懂，直接用兼顾的那个什么收购优选健康度模型告诉我结论吧。

好吧。结果落在地图上之后见图 2-52。

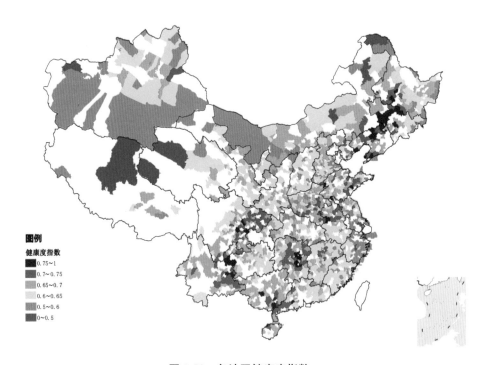

图 2-52　各地区健康度指数

从图 2-52 中可以看到，通过六大指标的模型筛选之后，在中国的养猪走廊中，只留下了几个片区更适合王大鹏的项目。分别位于东北地区、中原的河南安徽一带、湖南、广西、四川东部，以及云南地区。

考虑到王大鹏天使轮地推团队的规模，我决定帮他选出养猪 O2O 项目健康度最高的 100 个县（或县级市）。其列表见表 2-6。

王大鹏问：那么，第一批呢？帮我再选出 20 个吧。

好的，见图 2-53。

表 2-6　莱猪县收购指数 top100

1. 农安县	2. 德惠市	3. 榆树市	4. 宣威市	5. 梨树县	6. 昌图县	7. 公主岭市	8. 肇东市	9. 开原市	10. 会泽县
11. 诸城市	12. 黑山县	13. 安岳县	14. 博白县	15. 望奎县	16. 舒兰市	17. 仁寿县	18. 湘潭县	19. 武鸣县	20. 衡阳县
21. 陆良县	22. 宁乡县	23. 绥中县	24. 衡南县	25. 普兰店市	26. 中江县	27. 丰县	28. 磐石市	29. 新民市	30. 莘县
31. 双辽市	32. 新兴县	33. 兴业县	34. 湘乡市	35. 长岭县	36. 辽中县	37. 霍邱县	38. 罗平县	39. 彰武县	40. 三台县
41. 信宜市	42. 高州市	43. 简阳市	44. 台安县	45. 北镇市	46. 富源县	47. 定远县	48. 凌海市	49. 寿县	50. 桃源县
51. 铁岭县	52. 仪陇县	53. 耒阳市	54. 建水县	55. 瓦房店市	56. 法库县	57. 奇台县	58. 莒南县	59.	60. 扶余县
61. 高安市	62. 化州市	63. 平度市	64. 邳州市	65. 双峰县	66. 岳池县	67. 青冈县	68. 太康县	69. 武冈市	70. 固镇县
71. 莱西市	72. 浏阳市	73. 新化市	74. 阜宁县	75. 开鲁县	76. 康平县	77. 宜宾县	78. 杞县	79. 师宗县	80. 丘北县
81. 宜良县	82. 庄河市	83. 遂溪县	84. 常宁市	85. 潢川县	86. 临朐县	87. 镇雄县	88. 固始县	89. 滦南县	90. 泗县
91. 唐河县	92. 宣汉县	93. 光泽县	94. 平昌县	95. 祁东县	96. 通江县	97. 叶县	98. 抚宁县	99. 资中县	100. 衡东县

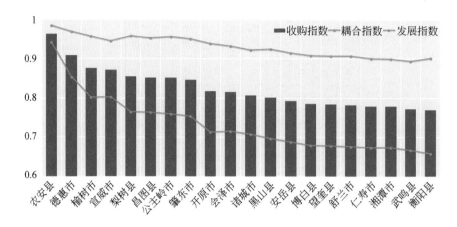

图 2-53 养猪县收购指数（前二十名）

王大鹏认真地读着图中的每一个名字：嗯，还好，排名靠前的好像都在同一个地方，长春。这也意味着初期地推人员还不用太过分散，更容易集中精力。不错。

我说：是啊，你可以从农安县开始，这里似乎三个模型算出来都是最适合你的项目的。

王大鹏用力地握住了我的手，动情地说：小团妹妹，太感谢你了，等公司在纽交所上市了，我一定带你一起去敲钟。不过在这之前，我还得再求你一件事。

我低下头，羞涩地说：什么事，说吧。

王大鹏眼中的热情燃烧地更加旺盛了，他看上去鼓足了很大的勇气一般，对我说：

能先借我点钱买张去长春的火车票吗？K76 硬座不贵的，才 273.5 元。

＊注：

1. 感谢阿里研究院提供了部分电商数据支持，其他数据均来自公开数据或者互联网开源数据。

2. 本文不对任何 O2O 创业项目进行推介，也不对任何读者的创业成败负责，请谨慎创业。

2.2.2　大鹏猪肉，为红烧而生

我快睡着的时候，接到一个来电显示为长春的视频电话。王大鹏英俊的大脸出现在我的手机屏幕上。

他一脸严肃，说：我准备颠覆红烧肉行业。

我问：你不养猪 O2O 了？

他说：还要养。但我要布局生态，准备直接从养猪业弯道杀入产业链下游。

我问：怎么杀呢？

他说：红烧肉，太传统，太低级。从养猪到宰杀到配运到烹饪，链条太长。我们直接搞研发，买断一种新的种猪基因配方，使其在生长过程中猪体就可以自然形成特殊风味，在未来烹制中不用增加任何调料。纯天然。出栏宰杀后直接切成一碗红烧肉。

我说：牛。

王大鹏说：我的这种红烧猪，要走标准化模式路线。我连中央厨房都不用。红烧猪们天生都是一碗碗会行走会哼哼的红烧肉，宰了就能直接吃。只要养殖环境控制好，口味高度稳定可控，不用打开味蕾，就可直达消费者需求的最后一公里。我准备为这个产品做一个独立品牌：大鹏红烧猪。

那么，口味标准化的大鹏红烧猪产品有戏吗？

透过屏幕，我仍能感受到他热情燃烧的眼神。于是，我决定帮助他一下。

我给大众点评网的朋友打了个电话，查看了一下数据，可以看到，全国以"红烧肉"作为推荐菜的餐厅共 11 550 家，我们将其称为"红烧肉品牌店"。其中，连锁餐饮店约 4 100 家，个性口味店（非连锁餐饮店）约 7 400 家。然后，我们对红烧肉品牌店中连锁店与个性店进行比较，可以得到图 2-54。

很明显，连锁店在平均星级、红烧肉价格、红烧肉单店平均推荐人数等三个维度上都超过了个性店。这个结论在全国层面和绝大多数的城市层面上都

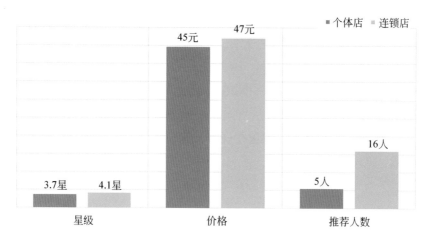

图 2-54　红烧肉标准化的可能性

成立。也就是说,标准化口味的红烧肉有着较为广阔的受众市场。

我拿摄像头对着屏幕给他看了一下,说:口味标准化的产品可能靠谱。

王大鹏说:太好了,商业模式可推行了。但除此之外,我的这只红烧猪,还要走粉丝经济路线。推出产品前就得建网站,打广告,吸粉丝,建社群,请粉丝和我们一起研发红烧猪。产品一出来,必须先内测。请名人,请粉丝。不断扩大影响,调试完美之后再大规模推向市场。有人为发烧而生,我们为红烧而生。有人的粉丝叫米粉,我们的粉丝叫猪粉。科技与农业的交叉口,我们和猪粉浩浩荡荡一起走过。

那么,红烧肉有那么多潜在的粉丝吗?

说完,他又用热情燃烧的眼神看着我。

好吧。我简单查看了一下,仅仅是大众点评网上,就有 37 万条有关红烧肉的评论、囊括了 24 万个评论者。其中,总点评数大于 10,红烧肉出现频率高于 0.1 的评论者有 10 000 人。他们的分布见图 2-55。

就城市而言,拥有百人以上红烧肉狂热爱好者的城市有 10 个,见表 2-7。

但从个体用户上来看,其中,最狂热的却是一位来自广州的小伙伴。他一共做出了 250 次点评,而其中含红烧肉的就有 236 次。

我拿手机摄像头给他看了一眼结果,说:大鹏,你一定要找到这位广州的小伙伴啊。

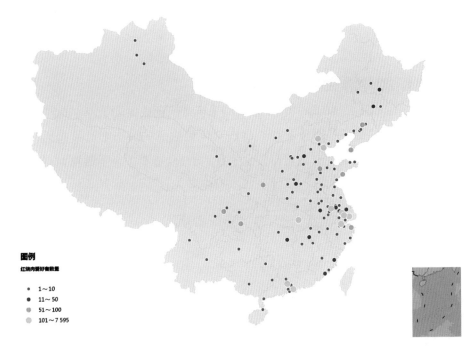

图 2-55　红烧肉爱好者数量

表 2-7　红烧肉爱好者数量城市（前十名）

排名	城市（省、市）	爱好者数量（人）
1	上海	7 959
2	北京	914
3	南京	281
4	杭州	177
5	武汉	173
6	无锡	154
7	苏州	153
8	天津	138
9	广州	105
10	深圳	101

　　大鹏坚定地说：没错。但仅仅是线上的粉丝还不够。我的红烧猪，还要
走线下体验路线。我要建体验店，全苹果模式打造。盖地标建筑，超大发光

logo，进去之后是博物馆格调，充满仪式感。满建筑都是我们的红烧猪，活的，跑来跑去的，直哼哼。消费者看中哪头红烧猪，现场直接请销售员攒蹄捆了送进柜台宰杀试吃。

那么，这样的体验店，要先设在哪呢？

说完，他热情燃烧的眼神似乎把我的手机都快调成振动了。

我想：体验店还是要设置在红烧肉文化最浓厚的城市吧。最起码，城市人均红烧肉品牌店的拥有数量得较高才行。于是，查看了一下数据，它们的分布见图2-56。

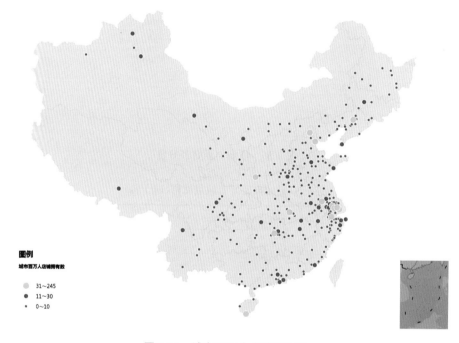

图例

城市百万人店铺拥有数

- 31~245
- 11~30
- 0~10

图 2-56　城市百万人店铺拥有数

城市的排名见表 2-8。

表 2-8　百万人红烧肉店铺拥有数（前十名）

排名	城市（市、县）	拥有量（家）
1	上海	245
2	韶山	151

续表

排名	城市(市、县)	拥有量(家)
3	北京	129
4	南京	84
5	崇明	72
6	杭州	63
7	无锡	59
8	苏州	52
9	安吉	43
10	昆山	41

没错，人均红烧肉品牌店拥有数量城市前三名：上海、韶山、北京。

韶山，由于其强大的红烧肉文化，大鹏红烧猪很可能成为该城市第二个特殊的文化标志。

我拿手机摄像头给他看了一眼结果，说：大鹏，韶山可以考虑一下哦。没有猪，哪来的毛？

王大鹏说：太好了，这个点我要记下。但除此之外，我的这只红烧猪，还要走工匠情怀路线。我们的远期目标是做出全球最好吃的红烧猪，但考虑到工商局广告的规定，我们只能做出我们眼中东半球第二好吃的红烧猪。但我们现在只有基于基因研发的科学家和工程师，还缺乏具有厨艺敏感性的工匠。科学与美食的交叉口，我们还没有通过。我还必须去找全国最会做红烧肉的厨师型工匠才行。

你帮我看看，我要去哪里找到他们呢？

说完，他热情燃烧的眼神已经快把我的手机点燃了。

于是我又去调了一下数据。我找到了那 37 万条有关红烧肉的评论，其词频特征见图 2-57。

然后我抽选了其中的 5 万条，请一个好朋友进行了一次语义库情绪分析，从而观察食客们在评论红烧肉时不经意流露出的心情和观点。我们按照其语义的积极度进行分析，对分析完的结果进行汇总，见表 2-9。

图 2-57　红烧肉评论词云

表 2-9　各城市红烧肉情感指数

最积极的红烧肉			最消极的红烧肉		
排名	城市(市、县、区)	情感指数	排名	城市(市、县、区)	情感指数
1	临沂	0.88	1	韶山	0.63
2	宜兴	0.87	2	中国台北	0.64
3	舟山	0.86	3	乌镇	0.67
4	潍坊	0.85	4	温州	0.67
5	淄博	0.85	5	张家港	0.70
6	西塘	0.84	6	湖州	0.72
7	银川	0.84	7	同里	0.72
8	庐山	0.84	8	三亚	0.72
9	江阴	0.83	9	柯桥	0.72
10	呼和浩特	0.82	10	盐城	0.72

其中，最积极的放在地图上，见图 2-58。

我用手机摄像头给王大鹏看了一眼分析结果，说：看来临沂的红烧肉，让人吃起来很开心啊，可以考虑作为挖掘红烧肉工匠的选择哦。而韶山虽然在红烧肉的其他指标上表现很好，但却比较消极伤感。

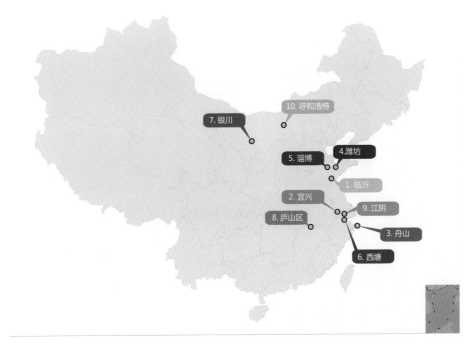

图 2-58　红烧肉最好吃的 10 个城市

王大鹏说：没关系。我们不但追求完美的产品，更追求伤感的产品，我们不会随意放弃韶山的。但除此之外，我的这只红烧猪，还要走价格差异路线。口味虽然标准化了，但价格必须差异化。歧视性价格设定可是经济学经典策略啊。

能不能帮我深入研究一下大鹏红烧猪的价格定位呢？

说完，他热情燃烧的眼神已经快把我点燃了。

好吧。假设大鹏红烧猪是一个现有红烧肉菜品的替代性产品，那么在价格上也应当有一定的替代性。那么，我们来看看全国各个城市现有的红烧肉价格吧。其中，排名前十名的城市见图 2-59。

当然，我们不能仅盯着最贵的城市，中国台北还不是我们的主要覆盖城市。另外，普陀山的红烧肉价格居内地之首也是醉了，按照支付意愿的理论，大概是因为某些人吃一顿不容易吧。调出全国数据，简单计算一下，可以发现全国价格的下四分位数为 28 元；中位数为 38 元，上四分位数为 48 元。我们将这些价格落在地图上，见图 2-60。

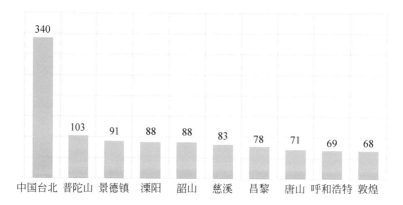

图 2-59　红烧肉价格前十名的城市（单位：元）

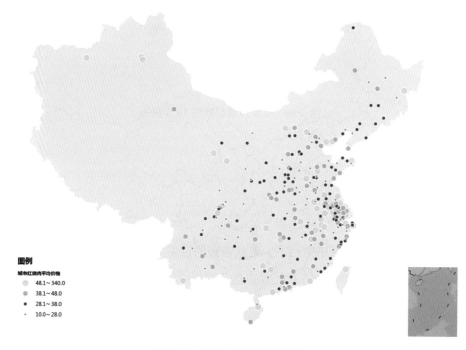

图 2-60　城市红烧肉平均价格

　　我拿手机摄像头给他看了一下结果，说：现有的市场对红烧肉价格的认知定价可以分为 4 个档次，见图 2-61。

　　（1）第一梯队：48～60 元；

　　（2）第二梯队：38～48 元；

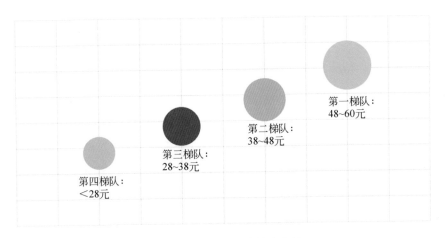

第一梯队：
48~60元

第二梯队：
38~48元

第三梯队：
28~38元

第四梯队：
<28元

图 2-61　大鹏红烧肉档次分级

（3）第三梯队：28～38 元；

（4）第四梯队：18～28 元。

王大鹏说：好的。我们先推低价产品,每款肉定价在 19.9 元。先打造性价比之王,迅速占领低端市场。做口碑,做流量,让粉丝养成习惯,然后回头换个包装,再推出红猪、白猪、土豪金猪。分别定价为 29.9 元、39.9 元、599.9元。全线占领市场。

大鹏激情洋溢地说：小团妹妹,我相信不久的未来,你吃到的每一口红烧肉,就都会是我的肉了。

虽然,我平时不太爱吃红烧肉,但也忍不住畅想了这一美好的愿景。但我还是略有担忧地问道：大鹏,你的这个基因技术成熟了吗? 会不会有科学伦理问题啊? 崔老师会不会找到你啊。

大鹏镇定地说：放心吧,我的这个基因技术绝对安全。绝对不是转基因技术,是更安全更先进的菌群型异体基因吸收技术。

我：哇,好厉害。这是什么逆天的黑科技? 你要不要上交给国家啊?

大鹏犹豫了一下,看着我真诚的眼神,咳嗽了一下,说：唉,其实就是配饲料的时候,让猪多喝点酱油嘛。你想想看,喝多了酱油,我们的猪自然不就是红烧猪了吗?

2.2.3 如何在上海开一家靠谱的餐馆

在网上有一位同学提了这么个问题：

"刚毕业没工作，爸妈给了笔钱想开个餐馆，上海现在什么餐馆最靠谱啊？只要不亏损就行。"

首先为这位同学的态度点赞，不求赚钱，先求生存，身为富二代有如此的风险意识，居安思危，令尔等每天做梦捡钱的人惭愧不已。但这位同学给出的信息太少，比如熟知的菜系类型，相关经营经验，厨艺水平，美食体验经历，启动资金等基本都空缺。令人为难。

因此，我们只能假设这位同学是一个毫无任何经营和下厨经验的富二代，毕业了没找到称心工作，于是父母说那就选个项目创业吧，开餐馆应该不错，要多少钱我们给，挣多少钱不要紧，别全赔了就行。面对如此给力的爹娘，这位同学首先需要解决的核心问题可能就只有三个了：

问题一，餐馆卖什么菜？

问题二，餐馆开在哪里？

问题三，餐馆的客单价定在多少？

对于目标设定为"不亏损"，问题一的实质是：

——哪些菜系的餐馆在上海更容易活下来？

在回答这个问题之前，让我们先参拜一下神一般的研究平台——大众点评网。根据 2014 年 12 月大众点评网上海市 24 种菜系的价格、口味、环境、服务四项指标，我们定义了"性价比""口味""客单价"三个维度的菜系间比较。

1. 性价比

对于大部分上海正常的居民来说，性价比是一个综合性的、比较有说服力的指标，性价比高的餐厅比较容易赢得回头客。数据显示，性价比指数排名在前 50% 的有小吃快餐、面包甜点、清真菜、咖啡厅、西北菜、台湾菜、韩国料理、新疆菜、烧烤、川菜和素菜。这些都属于依靠正常人类存活概率较高的菜系，见图 2-62。

2. 口味

口味从一定程度上反映了不同菜系对土豪吃货们的吸引力。所以，要想依赖这批人群生存下去，还得做认可度比较高的菜系。面包甜点、火锅、日料、

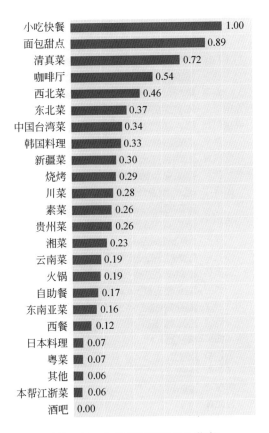

图 2-62 上海各菜系性价比指数

西餐、素菜、东南亚菜、韩料、粤菜、小吃快餐、本帮菜、咖啡厅和川菜都是口味排名靠前的菜系。口味得分最低的是——自助餐。上海各菜系口味评分见图 2-63。

3. 客单价

虽然上海吃货扎堆,土豪成群,但我们广大平民群体才是占据了整个城市的沉默的大多数。价格是我们吃东西的一道金线。这条金线在哪儿说不出来,但只有我等平民才能看得见。

由于这部分广大群体的存在,我们会发现价格与性价比、价格与口味之间呈现出的明显关系:价格较高的菜系,口味得分通常也较高,但性价比却较低。综合三个要素,客单价需要寻找到一个更加安全的中间价位,见图 2-64、图 2-65。

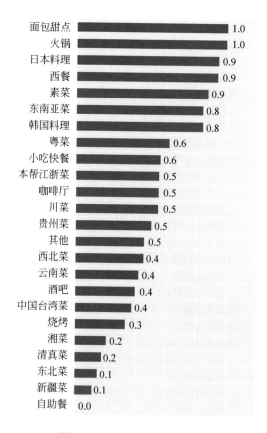

图 2-63　上海各菜系口味评分

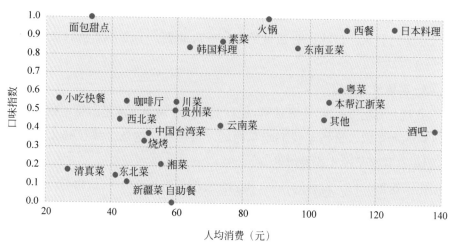

图 2-64　上海各类菜系的价格和口味关系

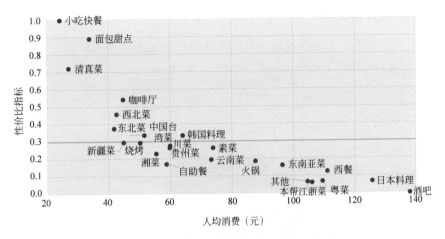

图 2-65　上海各类菜系的价格与性价比关系

何为中间价位？简言之就是半数菜系的价格生存区间，这个区间在 44～98 元，对应的菜系为东南亚菜、火锅、素菜、云南菜、韩国料理、川菜、贵州菜、自助餐、湘菜、中国台湾菜、烧烤、新疆菜和咖啡厅。上海各菜系人均消费见图 2-66。

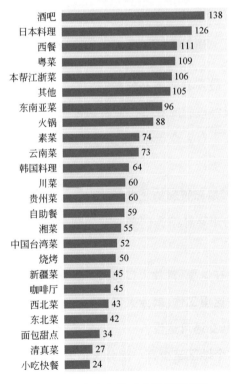

图 2-66　上海各菜系人均消费（元）

现在，我们已经从三个维度分别选出了最具有优势的菜系，那么，在三个维度都具有优势的无疑就是最容易受到认可和光顾的菜系了。对三个维度取交集，答案已经呼之欲出：

上海生存力最强的菜系分别是川菜、素菜、咖啡厅和韩国料理，见图2-67。

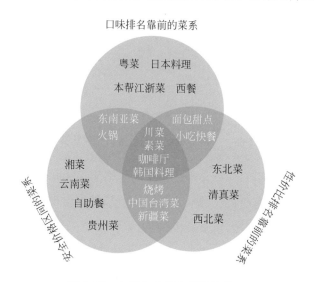

口味排名靠前的菜系

图2-67 上海生存能力最强的菜系

现在我们知道了最容易活下来的菜系，那么第二个问题来了：开在哪儿呢？市中心黄金地段？核心商圈里？地铁站旁边？大型住宅区附近？这个问题略微超出了神研究平台大众点评网的能力，那么让我们稍微进阶，借助城市大数据平台来回答一下：

——餐馆开在哪里更容易活下来？

以存活力最强的川菜餐馆为例吧。首先我们来设定一个"可能活下来的川菜馆子"的选址条件：

（1）很多人都住在这里（常住人口多）；

（2）很多人都在这里工作（就业人口多）；

（3）交通很方便（交通可达性）；

（4）尽量保证这个地区至少有一部分人是爱吃川菜的（多样性高）；

（5）周边现有的川菜馆子还不太多（竞争性弱）。

我们用 arcGIS 平台将上海市划分为 7 120 个 1km×1km 的栅格,叠加进上海市第六次人口普查数据、第二次经济普查数据、轨道交通站点流量数据、搜房网数据等。

在此基础上自定义了 4 个指标,分别是轨道交通可达性指标、人口指标、多样性指标和人均拥有川菜馆数量指标。

其中,多样性指标包括了企业多样性、人口多样性、房价多样性等。

通过指标的评价打分,我们选出了各个指标排名在前 150 名的栅格,再进行交集分析,由此选了出 5 个最适合开川菜馆的栅格(待选地块)。分别位于:杨浦江浦路、杨浦平凉路、虹口提篮桥、普陀真如和浦东洋泾,见图 2-68~图 2-72。

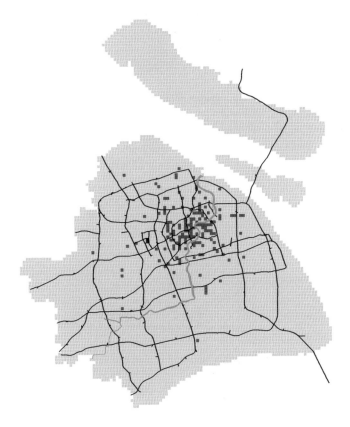

图 2-68　栅格轨道交通排名(前 150 名)

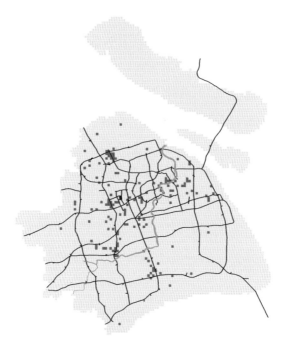

图 2-69　栅格多样性排名（前 150 名）

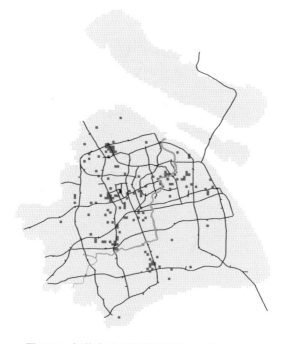

图 2-70　栅格人均川菜馆数量排名（前 150 名）

图 2-71 栅格人口密度排名（前 150 名）

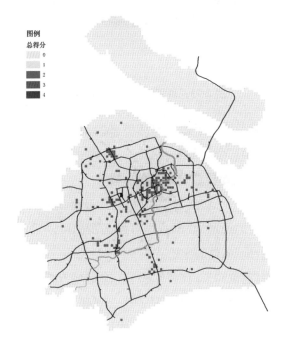

图 2-72 栅格总得分

考虑栅格选择的精确性，有可能 2～3km 范围的邻近地区都会对餐馆选址产生影响，我们将待选地块周围一圈的 8 个栅格都纳入考量，对包括待选地块在内的 9 个栅格（称为泛待选地块）进行了二次评价打分。综合待选地块得分和泛待选地块得分，最终选出开川菜馆最易存活的 3 个地方——虹口提篮桥，杨浦江浦路和普陀真如，见图 2-73。

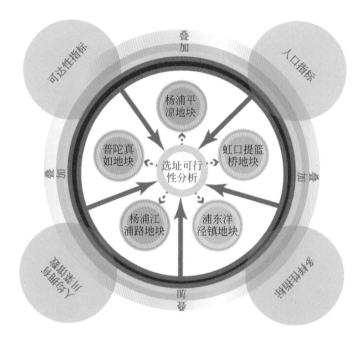

图 2-73　川菜馆选址可行性分析

假如这位同学果然选择了最容易活下来的川菜，并且在我们建议的上述地点开了馆子，那么第三个问题来了：

——这个餐馆的客单价应该定在多少呢？

事实上，客单价是一个极其复杂的问题，涉及餐馆的核心定位和一系列经营核算。但既然问题的设定为"不亏损"，那么我们可以采用统计分析的方法给出一个基于"不亏损"条件的定价建议。

以虹口提篮桥（这位同学，我替你选了一个好地方，不用谢）为例。

从跨菜系的分析中我们已经发现了这一规律：口味与价格呈正相关；性价比则与价格呈负相关。这一规律同样适用于菜系内部。我们对提篮桥地区的泛待选地块（9 个栅格）的川菜馆进行分析，以人均消费作为自变量 x，口味和性价比指数分别作为 Y_1、Y_2，分别拟合，可以得到两条曲线：

$$Y_1 = -0.000\ 01x^2 + 0.005\ 01x + 0.230\ 8$$

$$Y_2 = -0.507\ln(x) + 2.565\ 5$$

这两条曲线的交点为 $x=60$。也就是说，在提篮桥地区的川菜馆子中，60 元是一个边际值。在这个客单价下，性价比和口味上均达到了最优的统一。换句话说，川菜馆子开在这里，人们也就接受人均 60 元的价格了，见图 2-74。

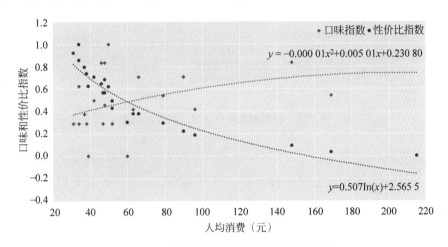

图 2-74　提篮桥及周边地区川菜最优价位

为了验证一下，我们再来看看提篮桥地区现有的川菜馆价位都是怎么分布的呢？简单统计一下，提篮桥的泛待选地块 50% 的川菜馆人均消费都落在 40～65 元，而 60 元落在这个区间内。

所以我们的建议是：

请把客单价定为 60 元。这是提篮桥地区川菜馆存活概率最高的价格档次。

提篮桥及周边地区川菜人均消费见图 2-75。

最后，特别说明一下——

由于掌握的数据有限，尤其不具有餐馆营业情况的数据，致使研究结果不具有很强的现实指导意义，请慎重参考。同时，研究中的各个模型还有诸多待完善之处，本节只是基于数据的总体性的餐馆生存概率分析，主观因素，如经营管理等未能考虑在内。

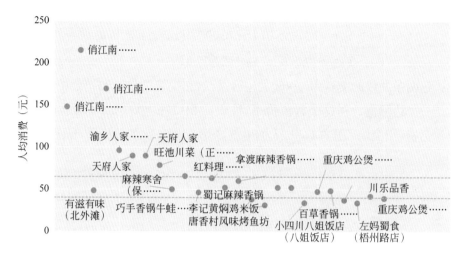

图 2-75　提篮桥及周边地区川菜人均消费

但是必须要承认这样一个客观事实：虽然从个体上看，基本上任何类型的餐馆都可能成功，但是从总体上看，在特定的城市，开设不同类型餐馆的成功概率的确会大相径庭。

当然，假如这位同学真的去提篮桥附近开了一家人均 60 元的川菜馆，我可能无法经常光顾，但是会深深地且真诚地祝福你。

2.2.4　快捷连锁酒店选址的空间陷阱

"连锁"这一概念，是工业时代遗留给我们这个后工业时代的巨大遗产。当工业化走向更极致，当"连锁"所能提供的服务和产品彻底趋同时，是否我们的生活也会变得扁平和一致呢？不会。还有一股力量在持之以恒地作用。那就是空间的力量。即使两家星巴克的口味和服务一致到不可思议的程度，它们也是不同的两家店，因为它们必然开在不同的地方。世界上没有两个完全相同的地方，空间最终区分一切。

所以，"连锁"所面临的终极问题，是空间问题。

那么，到底空间是如何作用于同样的产品和服务？如何使同质变成异质呢？反过来，产品和服务又如何选择空间呢？我们不妨回到身边常见的事物来进行观察，而这里要举的是一个在校大学生们往往非常熟悉的例子："连锁"快捷酒店。

问题来了：连锁快捷酒店应当如何选址呢？重点要考虑哪些因素？

由于个人很少出门加上"家教严格"，虽然身处连锁酒店业高度发达的上海，却少有机会亲身体会快捷酒店的服务。但找几篇相关文献来读的话，会发现快捷酒店主要服务以下这样几类人群：

（1）探亲访友；

（2）商务出行；

（3）城市旅游；

（4）感情交流。

我们先撇开第四个群体不谈，对前三类进行细分解读，会发现：

快捷连锁酒店对其目标客户所提供的服务渠道，实际上是一种与周边各类城市要素所建立出的"链接关系"。

而这些需要链接的要素包括以下三点：

（1）酒店周边的常住人口——探亲访友的目标源；

（2）酒店周边的企业客户——商务出行和部分员工亲友访客的目标源；

（3）酒店附近的城市交通——方便的交通条件会扩大前两个要素的辐射能力。

总体而言，这三个要素应当就是快捷连锁酒店在选址中需要重点考虑的吧。

当然，以上只是理论的假设，我们需要把假设拿到实际中来验证一下，看看快捷连锁酒店巨头们是否都严格参考了以上的选址要素。

一、酒店势力范围划分

为了研究每个酒店对周边城市要素的链接关系（实际上就是区位），首先需要设定一个可以称为"酒店势力范围"的空间概念。

每个快捷连锁酒店的势力范围有多大呢？我们以人实际的步行可达范围来定义，分成两个层次：第一层是步行 10 分钟可以走到的范围，第二层是步行 20 分钟内可以走到的范围。

但这样的势力范围划分会遇到两个问题。

（1）酒店周边有公交站点或地铁站点怎么算？

——我们会把这些交通因素折算为势力范围内的加分指数，作为潜在的空间辐射拓展能力而予以考虑。

（2）对于密集的市中心，同一家品牌酒店甚至在一个街区内布局，势力范围高度交叠怎么算？

——对于这种情况我们将其地理位置连线的中点就作为各自势力范围的分界点。

无论怎样，这样一个基本设定可以帮助我们对"酒店区位"这个概念进行量化研究。因为讨论每个酒店的区位优劣，实际上就是在讨论每个酒店在其"势力范围"内所能链接到的各类"城市要素"。

在建立了这样一个模型基础之后，我们选取上海的三大连锁巨头：汉庭、锦江之星、如家，作为样本进行分析。基于上海市的 GIS 平台，求出了每个品牌下各个酒店的 10～20 分钟步行缓冲区（基于实际城市道路路径）和其泰森多边形的交集。通俗一点的说法，就是求出了每个酒店的实际势力范围。汉庭各酒店的势力范围计算结果见图 2-76。

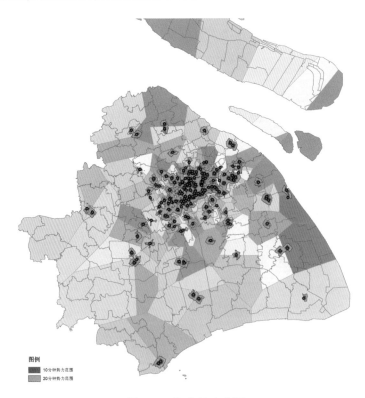

图 2-76　汉庭势力范围

如家各酒店的势力范围计算结果见图 2-77。

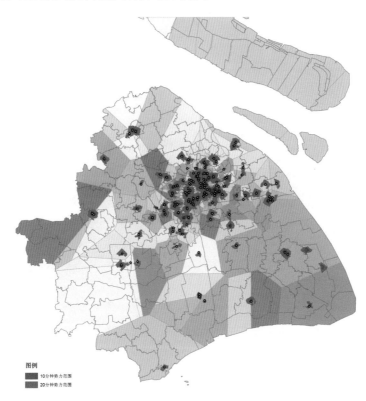

图例
■ 10分钟势力范围
■ 20分钟势力范围

图 2-77　如家势力范围

锦江之星各酒店的势力范围计算结果见图 2-78。

二、势力范围内资源要素比较

基于这三组势力范围划定，我们可以分别提取其精确的空间范围内的城市三要素："人口、企业、交通"。具体方法不赘述了，直接看对比结果。

1. 店均势力范围内常住人口的比较

三家酒店的 10 分钟步行覆盖区内常住人口覆盖度差异较小。其中，汉庭的常住人口覆盖度、劳动年龄人口覆盖度和高学历人口覆盖度都是最高的，如家次之，锦江之星再次之，见图 2-79。

在 20 分钟步行覆盖区内，三家酒店的要素覆盖度有些差异。如家的常住人口覆盖度、劳动年龄人口覆盖度和高学历人口覆盖度都是最高的，汉庭次之，锦江之星再次之，见图 2-80。

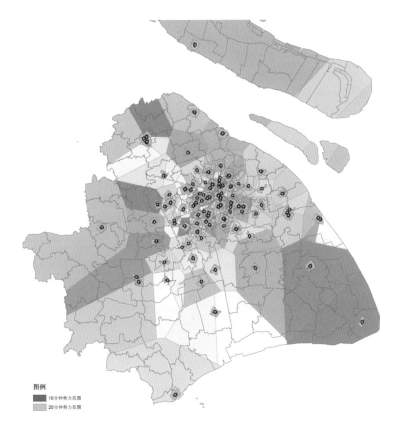

图 2-78 锦江之星势力范围

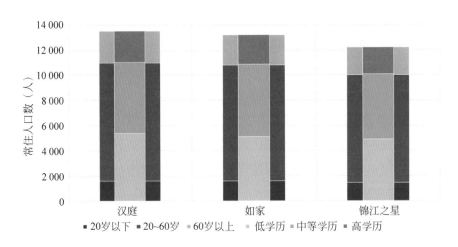

图 2-79 三家连锁酒店店均 10 分钟步行范围内人口数量和结构

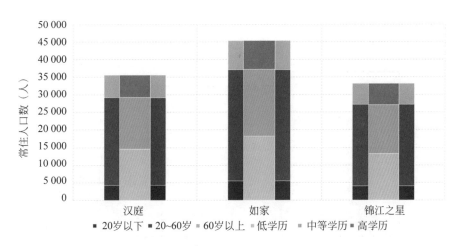

图 2-80　三家连锁酒店店均 20 分钟步行范围内人口数量和结构

2. 店均势力范围内企业岗位比较

三家酒店的 10 分钟步行覆盖区内就业人数相差不大,20 分钟区域内有一定差异。10 分钟步行覆盖区内,汉庭的就业人口覆盖度最高,如家次之,锦江之星再次之。20 分钟步行覆盖区内,锦江之星的就业人口覆盖度最高,汉庭和如家持平,见图 2-81。

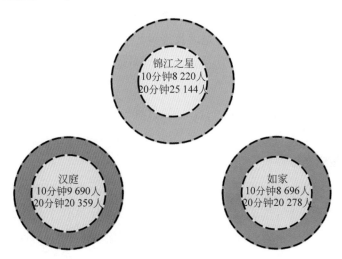

图 2-81　三家连锁酒店店均覆盖就业人口

3. 店均势力范围内交通可达性比较

三家酒店的交通可达性情况差异不大。轨道交通得分,汉庭较高,如家次之，锦江之星再次之。地面路网密度得分，如家和汉庭基本持平，锦江之星次之。综合交通可达性，汉庭最好，如家次之，末名是锦江之星，见图2-82。

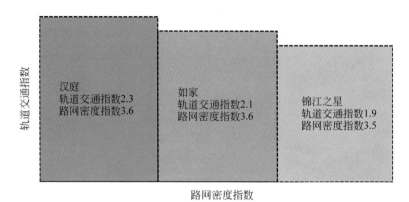

轨道交通指数

汉庭
轨道交通指数2.3
路网密度指数3.6

如家
轨道交通指数2.1
路网密度指数3.6

锦江之星
轨道交通指数1.9
路网密度指数3.5

路网密度指数

图2-82　三家连锁酒店店均交通可达性

综上所述，很显然，连锁酒店三巨头在具体选址中都保持了基本相似的要素（人口、企业、交通）链接度。大家对酒店选址所涉及的区位要素认同高度一致，进而我们有理由推测，三个品牌连锁酒店的选址策略是基本一致的。

需要注意的是：虽然大家都用了相同的选址逻辑，也覆盖到了基本类似的要素，但是进一步的量化研究会给我们带来更多的洞见。无数字，不科学。因此，我们认为下面这个问题才是涉及连锁酒店选址的核心问题：

在一个好的酒店选址中，"区位"中的各要素（人口、企业、交通）权重应是怎么分配组合的？

在回答这个问题之前，我们首先要明确——如何评价连锁酒店选址的好坏？

三、酒店选址评价

首先我们假定某一品牌旗下的同类连锁酒店所提供的服务是完全一致的，就像麦当劳一样，那么这些酒店唯一的核心差异就在于其选址区位的不同。因此评价某一个酒店选址是否成功，我们直接看该酒店经营状况就好了。

但是每一个酒店的独立运营数据（尤其是入住率、利润率等数据）难以取得，我们只能使用替代性数据。于是，我们从去哪儿网（网页版和手机版）收集了上海汉庭连锁酒店的评价数据，并基于分年度评论数（一定程度上替代入住率）、好评率和性价比（一定程度上代表价格与期望值的差异）等数据定义了一个酒店的综合运营指标(该评价指标仍然属于主观指标,无法替代客观的经营数据,但是评价指标也是酒店经营需要重视的重要考量标准)。

在这个假定(各分店面服务水平一致)的前提下,运营指标的高低就在某种程度上反映了酒店选址的差异。

确定了这个标准,我们以要素覆盖能力较高的汉庭为例,深入分析一下"一个好的酒店选址"这个概念。

我们从空间角度上排序,将每一个汉庭酒店按照其距市中心的距离重新分组,可以看到店均运营综合得分(包括各分项得分)随该店距市中心的距离变化呈现一条波浪线,见图 2-83、图 2-84。

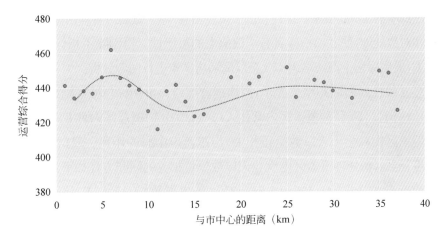

图 2-83　上海汉庭运营得分与距离关系

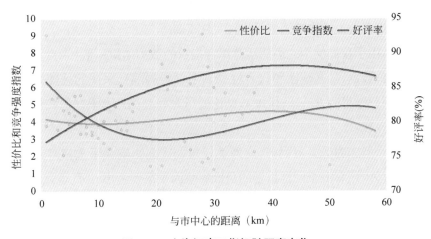

图 2-84　上海汉庭三指标随距离变化

四、酒店选址要素分析

为什么提供同样服务的酒店,会有如此波动(随空间位置的不同而起伏)的评价指标呢? 于是,我们把这一组数据单独拿出来,用一个简单的多元回归分析来探究一下酒店运营综合指标与各区位要素间的关系。

我们设定因变量为酒店运营综合评价指标;自变量中除了人口、企业、交通外,还加入了一些控制变量,具体包括酒店距离中心城区的距离、交通可达性(包括轨道交通站点和地面道路通达行)、覆盖区内常住人口数量、覆盖区内就业人口数量、酒店周边 1 平方公里的城市多样性指数、酒店周边一平方公里内连锁酒店竞争强度指数(考虑了势力范围内其他品牌快捷酒店的存在,基于百度地图搜索的上海所有 1 000 多家快捷连锁酒店位置信息)等。然后对各项指标进行了归一化和对数处理,使各项指标具有了数值上的可比性。再剔除了指标不够齐全的样本,最后保留上海市域内 155 个汉庭酒店样本进行回归分析。

多元线性向后回归结果显示,酒店运营综合评价指标与城市轴线指数、交通可达性指数、10 分钟覆盖区内常住人口数、10 分钟覆盖区内就业人口数、20 分钟覆盖区内高学历人口数呈正相关,与距离市中心的距离、多样性指数、竞争强度指数、20 分钟覆盖区内就业人口数呈负相关的回归方程如下:

Y(运营综合指数)$=95.9-54.42X_1$(距离指数)$+46.87X_2$(城市发展轴线指数)$+134.52X_3$(交通指数)$-87.99X_4$(多样性指数)$-243X_5$(竞争强度)$+16.77X_6$(10min 常住人口指数)$+15.68X_7$(10min 就业人口指数)$-75.89X_8$(20min 就业人口指数)$+47.86X_9$(20min 高学历人口指数)

酒店运营选址的影响因素示意图见图 2-85。

当然,由于我们使用的酒店运营综合指数的数据质量一般(来自互联网上的主观评价数据,其客观性和代表性受到了一定局限),采用的处理方法也比较简单,回归结果的 R^2[①] 只有 0.4,结论的可靠程度仍然有限。但我们也有了一个新的发现:

在每个酒店的势力范围内,交通类权重的正面影响大于人口与企业的影响;除此之外,还有一个同样重要的负面影响因子需要考虑:"竞争强度"。

---

① R^2 是统计学中的决定系数,反映因变量的全部变异能通过回归关系被自变量解释的比例。R^2 为 0.4,则表示回归关系可以解释因变量 40%的变异。

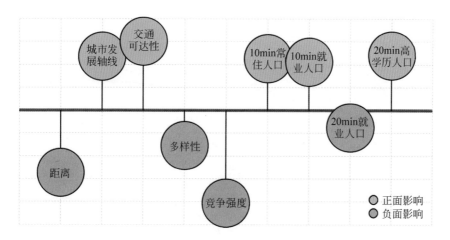

图 2-85　酒店运营选址的影响因素

事实上,综合经营评价这个指数,正是连锁酒店之间资源共享和竞争博弈这两股力量共同作用下的综合结果,但这两股力量却有着各自的规律。

(1)资源要素(包括常住人口、企业就业和交通要素)往往在市中心高度密集,并从市中心向外围衰减。越靠近市中心,酒店之间越能够共享更大的资源。

(2)由于更多的酒店选址在市中心,在市中心的竞争博弈也最为激烈。其激烈程度同样从市中心向外围衰减。越远离市中心,酒店之间的竞争博弈就越弱。

因此,酒店选址并不仅仅与其势力范围内的区位要素有关,更与其势力范围面对的竞争对手有关。也就是:

　　　　　判断酒店选址优劣的度量＝资源共享度与竞争博弈度之和

而正确的酒店选址,就是选择一个"资源共享度与竞争博弈度之和最大"的地址。但在实际中,连锁酒店巨头们并不总是能够选择"资源共享度与竞争博弈度之和最大"的地址。以汉庭为例,见图 2-86。

上方的浅灰线表达的是汉庭酒店势力范围内的要素水平,也就是区位资源;下方的深灰线表达的是汉庭势力范围内的其他连锁酒店的数量,也就是竞争博弈;而中间的黑线,即是资源与竞争的综合结果(这个结果与综合经营指标曲线高度一致)。

可以看到上海汉庭选址上的"空间陷阱"(即选址布局中竞争博弈的不利地区)出现在了两个空间圈层内:

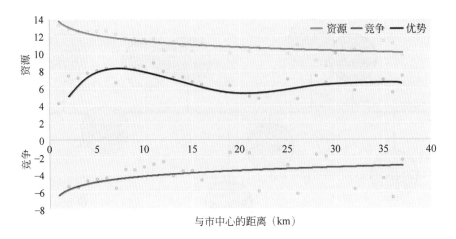

图 2-86　上海汉庭"资源—竞争"博弈三线图

（1）距离市中心 5km 以内的中心区；

（2）距离市中心 13～22km 的外环周边区域。

而我们发现，汉庭在上海开设的 155 个连锁酒店中，有 41.9% 的落在 5km 范围内，18.7% 的落在 13～22km 范围内，也就是说，有 60% 的汉庭酒店都开设在了选址的"空间陷阱"中（**如果采用酒店的实际运营数据，结论可能有变化，但是如果"空间陷阱"的数据曲线能在一定程度上代表酒店的实际经营效果，这个问题可能本来就没有答案**）。

五、酒店选址布局策略

是汉庭一开始就选错了？还是本来选对了，但后来竞争的激烈超出预期？我们不得而知。但是我们想强调的是：

酒店选址策略，应当是资源共享和竞争博弈两股力量合力作用的结果。假如每个品牌的连锁酒店只考虑自身布局的逻辑最优，有可能出现合成谬误，反而陷入选址的劣势地区——空间陷阱；同时，由于竞争的长期存在，使"区位"越来越变成一个动态变化的概念。今天的池塘水草丰美，明天可能就会被更多的鱼给弄干。所谓最优的连锁酒店选址，也许只是一个瞬间的最优罢了。

其实早在 80 多年前，霍特林就提出了分析商家选址和定价行为的模型。模型最初是分析地理位置，假定在一个线性空间上，消费者均匀分布其上，由于位置不同，消费者将观察所有商家的定价，并按使某商家定价与所需交通成本最小化的原则选择商家。这样，当价格给定时，商家可确定使其利润最大化的位置，这是选址策略中的纳什均衡。或者相类似的,当位置给定时,商家可以变动价格,达到价格的纳什均衡。对于快捷连锁酒店而言,其价格弹性较低,而且选址博弈也不是在线性的空间展开,比霍特林模型要复杂得多。同时,连锁酒店一旦选址布局完成,不能在短期内大规模改变,这使得其博弈手段只剩价格维度,而连锁酒店的价格弹性又是较低的,这将直接影响酒店的实际经营效果。

如果一家连锁酒店能够提早预测博弈的空间结果,是不是就有可能提前提出不同的布局策略(或者门店布局优化的策略),从而在竞争中脱颖而出呢?

没有实例的支撑,我们现在还不得而知。但是,看看这张三大连锁酒店势力范围的叠加图(见图 2-87),其中好像还是蕴含着许多机遇和挑战呢。

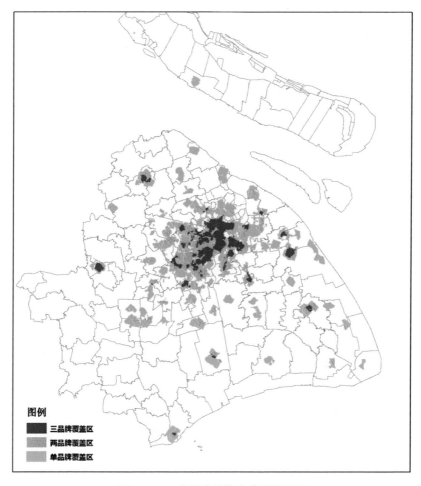

图 2-87　三家酒店的势力范围覆盖区

第 3 章

数据之于生活

在互联网时代,数据已经与我们的生活如影随形。

我们的衣、食、住、行、教育、旅游、娱乐,都在产生数据,沉淀数据。这些数据记录下我们的日程、勾勒出我们的性格,描绘出我们生活的轨迹。这样的数据和轨迹多了,便纠缠成大千世界。

毫无疑问地,数据也可以透过喜怒哀乐,还原生活本来的样子。

数据之下的生活,可能比你想象得更精彩。

3.1　理性生活: 那些你所不知道的事

你一定关注过这些问题:怎么样算穷怎么样算富? 做鸡头好还是做凤尾好? "双 11"、"双 12"是真打折还是假打折?

的确,生活中有一些问题是我们大家都非常关心的。我们搜集小道消息,我们热衷于猜测,却无法获得准确的解答。

而本节的内容就正好回答了这样的问题。

3.1.1　你的消费水平给上海拖后腿了吗

学姐刚过完生日，但她看上去却并不是特别开心。

她说：过生日啊，也没什么大意思。无非是抽选一个男友，一起逛逛名牌店，买买衣服和包包，吃吃大餐，住住五星级酒店什么的。但这些项目全加上，也看不出来他的诚意来。这让我如何客观判断和他下一步的发展呢？

小团，你能不能综合评价一下，他给我过生日的这个消费水平，到底是高还是低呢？

学姐果真是一个我见过的最"单纯"，但同时也是最理性的好女生。看着她愁眉不展的样子，我也有些于心不忍。好吧，让我用最近与银联智惠研究院合作时用的一组数据结果，来帮她做一做分析吧。

那么，男友的消费水平是高还是低呢？有没有拖上海的后腿？

由于学姐生日当天进行了多种活动，行程较为复杂，我们不妨拆解来看，简单分成三个部分：

（1）购物（衣服和包为主）；

（2）餐饮；

（3）酒店住宿。

然后，我们再用这三类消费项目分别去匹配学姐生日当天上海全市的银联线下刷卡统计数据，整理出三组全样本的对比。

好的，第一组全样本对比的问题来了：

学姐生日那天，一个人在上海消费，要花到多少钱时才算不拖上海的后腿？

首先，从全样本对比组数据中可以统计出：

在学姐生日那天，全上海所有市民，在买衣服和包这项活动上，一共进行了 6.7 万笔消费，并花掉了约 6 900 万元。平均每笔要消费约 1 100 元。

然后，我们可以把这 6.7 万笔消费和金额落到空间上来看，见图 3-1。

毫无疑问，大部分的高端服装消费，都集中在市中心。

学姐学姐，你男友带你去的是哪个商场？

当然，单纯的学姐并不关心这个。学姐关心的是，男友为她买衣服和包所

图 3-1　上海消费金额分布（买衣服）

花费的钱,在这 6.7 万笔交易中排名第几呢? 请看图 3-2。

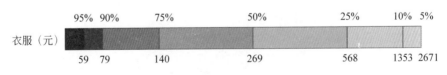

图 3-2　上海买衣服消费金额分布

可以看到,虽然全市人民平均每次消费要花掉 1 100 元,但实际上消费的中位数值约 270 元而已。也就是说,少数的有钱人在消费上的花费大大地拉高了全市整体消费水平。

那么,是谁拖了后腿呢? 具体来看,得到如下内容:

（1）假如男友给学姐买衣服和包的花费超过 2 700 元,那么该男友本次消费力就能跻身全市前 5%;

（2）假如男友给学姐买衣服和包的花费达到 1 400 元,那么该男友本次消费力就能跻身全市前 **10%**；

（3）假如男友给学姐买衣服和包的花费达到 **270** 元，那么该男友本次消费力就能达到全市中位水平；

（4）假如男友每次给学姐买衣服和包的花费不超过 **100** 元，那么可以判断：该男友本次消费力被全市 **80%** 的人打败。

看完这个结果，学姐似乎对自己的男友有了一点信心，嘴角逐渐绽开了笑容。

好的，第一个问题得到解决，接着第二个问题又来了——

学姐生日那天，在上海吃顿大餐，要花到多少钱时才算不给上海拖后腿？

同样地，首先来看：上海人在学姐生日那天去餐馆吃饭一共花了多少钱？

从对比组数据可以看到，在学姐生日那天，全上海市人在餐饮这一项目上，一共进行了 23 万笔消费，总金额 8 000 多万元。

我们可以把这 23 万笔交易落到空间上，见图 3-3。

图 3-3 上海消费金额分布（餐饮）

　　但需要注意的是,以上消费是全天汇总结果,那么则意味着早餐买包子,午餐买煎饼什么的也就算在里面了。这势必会大大影响分析结果。

　　为了更精确地判断男友的消费能力,我们则需要把全上海餐饮行业消费的时间维度拉出来,见图 3-4。

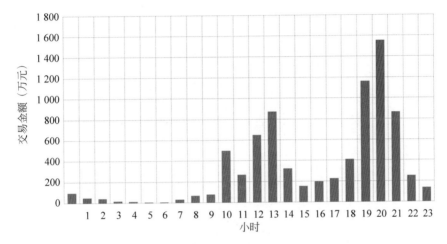

图 3-4　2015 年学姐生日当天银联餐饮分小时交易额

　　很明显,晚饭的消费水平比午饭还是要高出一截。仅仅晚上 22:00 这一个小时,全上海就花掉了超过 1 500 万元。

　　因此,我们可以把研究样本进一步缩小到高消费的晚餐时段,选择学姐生日当天晚上 18:00～24:00 的消费作为对比组。而在这个时间段上,全市人在餐饮活动上一共进行了 9.2 万笔消费,花掉了大概 4 500 万元。平均每笔要花掉约 500 元。

　　从空间上看,这 45 00 多万元消费金额分布见图 3-5。

　　果然,与全天餐饮消费的分布进行对比,可以看到那些分布在中环线附近的办公园区周边、由于吃午饭而出现的热点纷纷消失了。城市夜间餐饮活力重新回归市中心。

　　学姐学姐,你男友带你去哪吃的大餐呢? 好吃吗?

　　当然,理性的学姐也并不关心这个。学姐关心的是,男友请她吃饭所花掉的钱,在这 9.2 万笔交易中到底排名第几呢? 见图 3-6。

　　可以看到,虽然全市人平均每次晚上下馆子要花约 500 元,但实际上这个

图 3-5　上海消费金额分布（晚餐）

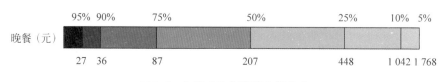

图 3-6　上海吃晚餐消费金额分布

平均值毫无任何意义，因为其中位数仅有约 200 元。也就是说，少数有钱人吃饭的花费大大地拉高了整体消费水平。

那么，是谁又拖了后腿呢？具体来看：

（1）假如男友请学姐吃大餐的花费超过 1 800 元，那么该男友本次消费力就能跻身全市前 5%；

（2）假如男友请学姐吃大餐的花费达到 1 100 元，那么该男友本次消费力就能跻身全市前 10%；

（3）假如男友请学姐吃大餐的花费达到 200 元，那么该男友本次消费力就能达到全市中位水平；

（4）假如男友请学姐吃大餐的花费不到 40 元，那么可以判断：该男友本次消费力将被全市 80% 的人打败。

看完这个结果，学姐对男友的信心似乎又多了一点，笑容灿烂了起来。

与此同时，最后，也是最重要的问题来了——

学姐生日那天，在上海找个酒店住宿，住多少钱的房间才算不给上海拖后腿？

同样地，先来看一下：学姐生日当天，上海人在酒店住宿这项活动上一共花费了多少钱？

通过对比组数据可以看到，在学姐生日当天，上海人在酒店住宿这件事上一共进行了约 7.1 万笔消费，总金额约 8 800 万元。平均每次花费约 1 200 元。

然后我们可以把这 7.1 万笔酒店住宿交易落到空间上，见图 3-7。

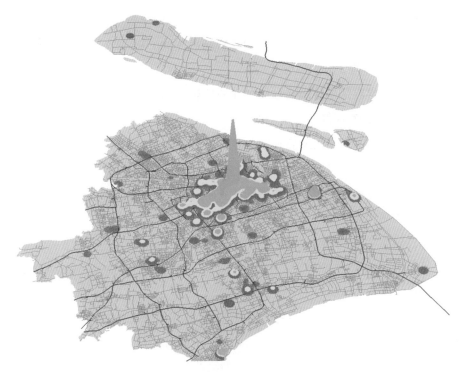

图 3-7　上海消费金额分布（酒店住宿）

终于，与餐饮和购物不同，酒店住宿的消费不再单极地集中在市中心了。在郊区的金山和川沙等地，也有高消费酒店住宿的身影。

学姐学姐，你是在图 3-7 中的哪个地方住宿的？

当然，学姐似乎不想回答我这个问题。学姐更关心的是，男友带她去酒店住宿所花的钱，在这 7.1 万笔交易中，到底排名第几呢？见图 3-8。

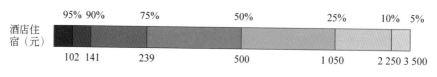

图 3-8　上海酒店住宿消费金额分布

可以看到，虽然上海人平均每次酒店住宿要花费约 1 200 元，但请大家也不要被这个结果吓着，实际上这个平均值毫无任何意义，因为全市酒店住宿消费的中位数仅有 500 元。也就是说，其实是少数有钱人酒店住宿所花费的钱大大地拉高了全市人酒店住宿的消费水平而已。

那么，到底又是谁拖了酒店住宿价格的后腿呢？具体来看：

（1）假如男友带学姐酒店住宿的花费超过 3 500 元，那么该男友本次消费力就能跻身全市前 5%；

（2）假如男友带学姐酒店住宿的花费达到 2 300 元，那么该男友本次消费力就能跻身全市前 10%；

（3）假如男友带学姐酒店住宿的花费超过 500 元，那么该男友本次消费力就能达到全市中位水平；

（4）假如男友带学姐酒店住宿的花费不到 100 元，那么可以判断：该男友本次消费力将被全市 80% 的人打败。

看完这个结果，学姐显得非常喜悦。

她握着我的手，兴奋地说：小团，谢谢你，通过这次的分析。我想这次，我终于可以下定决心了。

看来，这次学姐选定的男友在酒店住宿方面十分给力。我看着学姐幸福离去的背影，也深深地为她祝福。但忽然之间，却忍不住想到了一个更深刻的问题：

虽然说学姐的这个男友很可能在购物、吃饭、住宿方面的消费能力不错，甚至可以在上海排名前列，但这是否意味着他总体的消费能力也很强呢？

或者说，真正的消费能力，是否能仅从购物、吃饭、住宿上看出来呢？

于是，好奇心驱动，我对学姐生日当天上海所有类型消费进行了汇总，看到这样一组结果：

在 2015 年学姐生日当天，上海市一共发生了近 300 万笔交易，总金额近 60 亿元。而其中"购物、吃饭、酒店住宿"的总消费仅有 2.4 亿元，只占所有支出金额的 4％，见图 3-9。

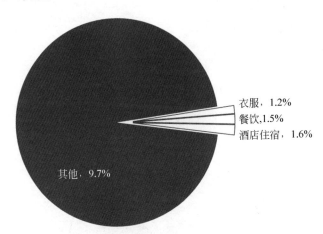

衣服，1.2%
餐饮，1.5%
酒店住宿，1.6%

其他，9.7%

图 3-9 购物、吃饭和酒店住宿在全上海消费中所占的比例

所以，只是在 4％的消费比例中进行排名对比的话，那是否意味着，我们对于学姐男友消费力的筛选工作过于简单了呢？

没错，不如我们认真地再研究一次，将学姐生日当天的近 300 万笔交易按照金额数高低进行排序汇总，把额度排名前 1％的刷卡消费全部筛选出来，来看看真正有消费力的人是怎么花钱的。

通过这前 2.8 万笔消费的分析，可以看到以下明确的结论。

（1）有消费力的少数人花掉了大多数的钱。

消费金额在人群的分布见图 3-10。

如图 3-10 所示，排名前 1％的消费总额（仅 2.8 万笔交易）就达到了 35 亿元，占到总交易额的 58％。

（2）主要的大额交易都集中在投资领域。

额度排名前 1％消费的结构见图 3-11。

如图 3-11 所示，排名前 1％的大笔资金流动都集中在金融、批发和房地产三个领域，其中，32％的钱在金融理财领域消费掉，23％的钱在批发领域消费掉，而 13％的钱在房地产领域消费掉。

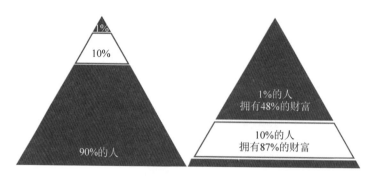

图 3-10　消费金额在人群的分布

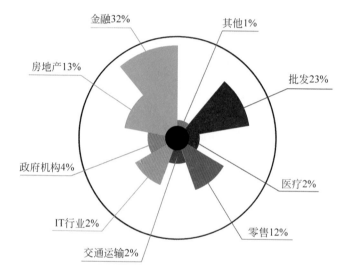

图 3-11　额度排名前 1％消费的结构

（3）日常生活性的消费，在这个世界中并不那么重要。

2015 年学姐生日当天上海全民银联线下刷卡消费结构对比图见图 3-12。

如图 3-12 所示，通过前 1％人群和余下 99％人群的消费对比，可以看到，前 1％人群的刷卡支出高度集中在购房、理财、旅游、教育等领域，且刷卡金额远远超过余下 99％在该领域支出额的总和。在零售行业，99％人群的支出总额第一次超过了前 1％。那么，这余下的 99％的人都把钱花到哪里去了呢？答案是：吃东西、收快递和办婚庆。

是的，和我们生活息息相关的，有时候却并不是最重要的。

那么，你的消费水平是否给上海拖后腿了呢？

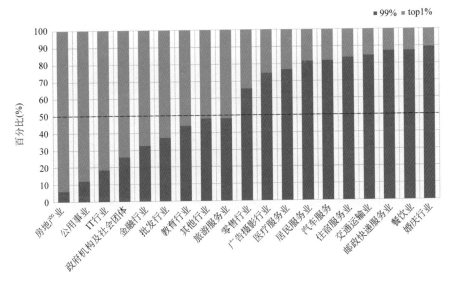

图 3-12 2015 年学姐生日当天上海全民银联线下刷卡消费结构对比图

我的回答是,这其实并不重要。

在衣食住行的日常花销当中,无论你是勤俭节约,精打细算,还是挥金如土,一掷千金,甚至可以在上海滩消费榜上名列前茅,这些也只是整个城市级支出金额中毫不起眼的一笔,并不能代表更多的意义。所以,真正有价值的支出,既不是日常流水,也不是声色犬马。那是什么呢?是投资。当然,投资并不是消费;但从目的上说,投资是为了获得收益,能够在未来更多的消费。同样是花钱,用作投资将比现时消费更有价值。投资金融,投资事业,投资房地产,投资教育,包括投资自己。只有投资,才会让未来的自己变得更富有、更自信或者更强大。这一点无论对于个人还是城市,都毫无例外。

因此我想,对于上海而言,日常消费水平的高低也许并不重要,重要的是你把握住多少机会把平淡无奇的日常消费变为真正有价值的投资。这才是上海这座每天花掉差不多 60 亿元的城市带给每个消费者的最大的意义。

3.1.2 如何面对注定平庸的人生

——写给大鹏的第一封信——

大鹏:

你好。

上个月同学聚会。席间看你神色消沉,又得知你的红烧肉连锁餐饮经营得不是很顺利。正想问一下你的近况，你却忽然问我：

"小团，像我这样长相一般，人缘一般，走到哪里都不受人关注，而且屡次向你表白都被拒绝。你说我是否会注定平庸一生呢？我要怎么样才能坦然接受这个事实呢？"

当时我没理解你的意思，以为你又换了个花样向我表白，于是就打了你一顿。

回家之后，我才发觉，似乎你的问题跟表白并无关系，应该缘于你餐饮事业上的困惑吧。我竟然还为此打了你，对此感到很不好意思，于是专门去做了一个餐饮行业的研究，试着更应景地来回答你的问题。

那么问题来了：大鹏，你是否注定会平庸一生呢？

说实话，我并不知道。但我知道的是：平庸的，永远是大多数，而不受关注的，也永远是大多数。

就以上海的餐厅为例，又有多少能够被大众关注到呢？

我们不妨以大众点评网的评论数来衡量餐厅被关注的程度吧，假设某个馆子半年内有至少一条评论才算被人关注的话，那么截至 2014 年 6 月，上海市受人关注的餐厅数量大约有 10 万家，其数量也只占总餐厅数的 25％而已。有四分之三的餐厅在此前半年都没有评论，它们算是大多数了吧。

我们对这 10 万家餐厅在 2014 年 7 月—2015 年 6 月的评论数进行统计，总计有 750 万条；而其中前 10％的餐厅（约 10 000 家）评论数就达到了 635 万条，占据了总关注度的 85％。而剩下 90％的餐厅，只受到了 15％的关注。它们也算是大多数了吧，见图 3-13。

我们再从这 10 000 家餐厅里进行筛选，再选出前 1 000 家。它们的总评论数达到了 271 万条，占比约 36％。而剩下的 99％的餐厅，只受到了 64％的关注。它们也算是大多数了吧。见图 3-14。

别急，"大多数"还有很多。

我们再从这 1 000 家餐厅里进行筛选，选出前 100 家。它们的总评论数达到了 64 万条，占比约 9％。见图 3-15。

最后，再从这 100 餐厅里选出前 10 家。这 10 家店的评论总数达到 11 万条。见图 3-16。

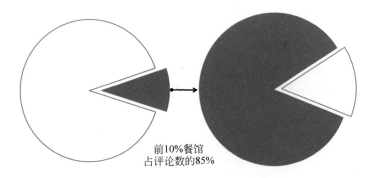

前10%餐馆
占评论数的85%

图 3-13　餐厅评论（前 10 000 名）

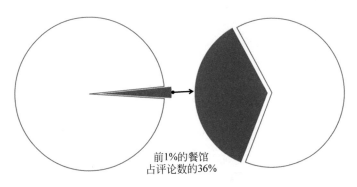

前1%的餐馆
占评论数的36%

图 3-14　餐厅评论（前 1 000 名）

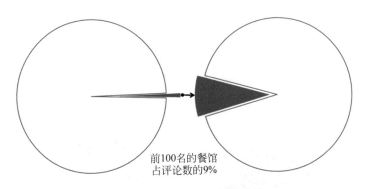

前100名的餐馆
占评论数的9%

图 3-15　餐厅评论（前 100 名）

其实，最顶端的 10 家店不过只是全上海餐厅数量的 0.002 5％而已，但却瓜分了全市餐厅关注度的 1.4％。其关注度的捕获能力溢出 560 倍。

我们可以把以上规律绘成图，见图 3-17。

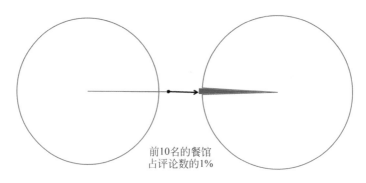

前10名的餐馆
占评论数的1%

图 3-16　餐厅评论（前十名）

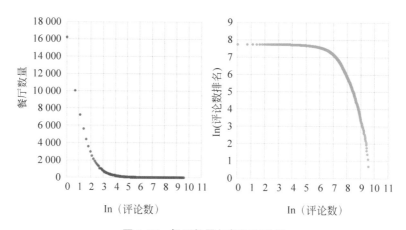

图 3-17　餐厅数量与餐厅评论数

我们再把餐厅和关注度的关系拿来和世界财富的分配做个对比得到图 3-18、图 3-19。

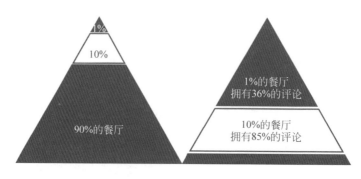

图 3-18　餐厅评论数量分布

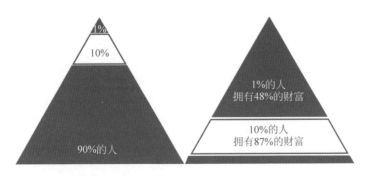

图 3-19　财富在社会的分布

是的,社会资源总是有限的,无论是财富还是关注度,因此,它们只会集中在极少数群体身上。金字塔顶端的极少数,总是占据了资源的绝大多数。

所以,大鹏,你问我你是否会注定一生平庸。而我的答案是:

大多数餐馆,都注定没什么人关注;正如大多数人一样,他们也都将注定平庸一生。而既然他们被叫作"大多数",那就意味着你的确有很大可能就是他们的其中之一。因此,我不敢说你注定平庸一生,但你平庸一生的概率会很大。

远比不平庸的概率要大得多。真的。

2015 年 6 月某日

———写给大鹏的第二封信———

大鹏:

你好。

来信收悉。

先解释一下。我并没有诅咒你注定平庸一生,只是借用餐厅关注度研究的道理,告诉"注定平庸"这件事在你身上发生的概率而已。

当然,我很理解你的心情。你会觉得不服气,你也会觉得无法接受。你可不想只做"大多数"而已,你是决心要跻身到前 10%或者前 1%的。

所以,其实你的问题是:要怎么做才能摆脱注定平庸的一生呢?对吗?

对于这个问题,我想我还是借助你所从事的餐饮行业的研究,给你一些不成熟的建议吧。

建议一:你需要找到那些稳居在金字塔顶尖的少数派,并和他们一起竞争。

以餐馆为例，我们对上海每平方公里的广受关注的高级餐厅密度（个/km²）和产生高级餐厅的概率（高级餐厅的数量/餐厅总数）进行了分析，整理出的结果见图3-20。

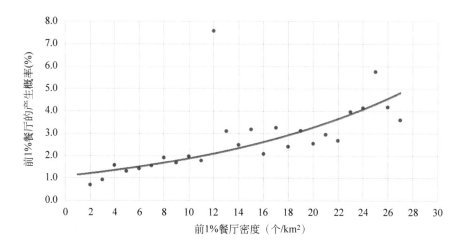

图 3-20　前 1%餐厅密度与产生概率

没错，结果很清楚：假如你想要开一家被吃货们广为关注的餐厅，华丽丽地挤进前1%的行列，那么你就得开在受关注的馆子最多的地方，经受住和这些高级餐厅之间的激烈竞争。

那么，这个竞争会多么惨烈呢？见图3-21。

图 3-21　成为高级餐厅的概率

假如你开在了一个高级餐厅很多的地方，你的确会有5%的概率取得成功，但有95%的概率仍然继续平庸。

但反过来，假如你愿意选择一个竞争稍微不那么激烈，高级餐厅略少一些的环境，你成功的概率会降到1%。

大鹏，假如你无法接受自己注定平庸的一生，那么对于这个惨烈的竞争和

结果,你能坦然面对吗?

第二,你需要找到处在风口浪尖的舞台,并承受昂贵的成本。

假如你能够坦然面对惨烈的竞争,准备去找那些高级餐厅做邻居,博取这 5% 的成功率。那么,这些餐厅又在哪呢?

为了研究这个问题,我们再从上海 10 万家有评论的餐厅中筛选出了评价指标较为完善的大约 5 万家餐厅,根据其在 2014 年 7 月—2015 年 6 月的评价总数将其划分为 5 个受关注度组别,见表 3-1。

表 3-1　餐厅按评论数分组

分位点(%)	1	5	10	25	50
评论数(条)	2 058	600	260	49	9

然后我们再分别统计了各个组别的餐馆的区位情况,见表 3-2。

表 3-2　各组餐厅区位情况

组　　别	前 1%	1%～5%	5%～10%	10%～25%	25% 之后
到市中心的距离(km)	5.79	7.26	8.43	9.01	11.35
是否在中心城区	0.755 1	0.665 9	0.619 1	0.604 4	0.534 7
周边有地铁站	0.953 4	0.879 5	0.838 8	0.819 4	0.728 3

可以看到,离市中心越近的餐厅、交通可达性越好的餐厅,受关注度越高。

然后,我们把以上分析汇总到图上,见图 3-22。

图 3-22 中每一根柱子的所在地都代表一个餐馆的位置,而柱子的高度则表示该餐馆的评论关注度。根据其关注度高低档次可以分为不同的颜色,其中红色的关注度最高。

毫无疑问,大众关注的风口浪尖,就是市中心。但市中心,就意味着要付出难以想象的昂贵成本。见图 3-23。

图 3-23 中每一根柱子,就表示一个写字楼/商铺的位置,柱子高度表示其租金水平。根据租金水平的高低档次分为不同颜色,其中红色的租金水平最高。我们把这张图和评论热度图对比一下,见图 3-24。

毫无疑问,要想挤入公众舆论的风口浪尖,就要承受与之相符的昂贵成本和与之俱来的巨大风险。

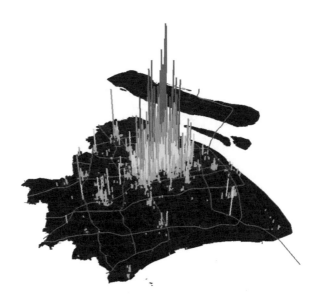

图 3-22　餐厅评论数的空间分布

图 3-23　租金空间分布

大鹏，假如你无法接受自己注定平庸的一生，那么对于自己可能需要付出的巨大成本和风险，你能坦然面对吗？

第三，你需要非常努力，还要更早努力且一直努力，否则可能一个闪失就再也没有任何机会了。

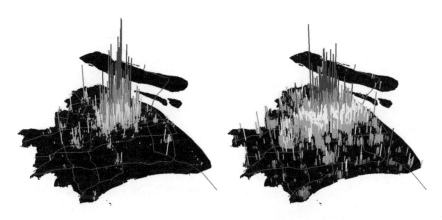

图 3-24　餐厅评论数和租金的空间分布

　　假如你不但能够坦然面对惨烈的竞争,而且准备不计成本和风险地杀入大众关注的风口浪尖,那么在此之外,你自己还要做些什么呢?

　　同样地,我们用受关注度分组数据分析了评价数与人均消费、口味、环境、服务评分的关系,结果见表 3-3。

表 3-3　各组餐厅得分情况

组　　别	前 1%	1%～5%	5%～10%	10%～25%	25% 之后
人均消费(元)	89.01	85.63	81.12	69.19	43.94
口味指数	81.51	79.62	78.04	75.56	69.96
环境指数	81.95	80.08	78.48	75.43	70.08
服务指数	80.95	79.28	77.88	75.22	70.25

　　可以看到,餐馆的人均消费、口味、环境、服务等各项指标都呈现出显著的与评论数的显著正相关。口味和环境是决定评论数量的最主要因素。

　　在百分制的口味和环境评分中,如果一家餐馆能够在口味和环境上分别提高 1 分,那么这家餐馆的评论就会相应增加 1.35 条和 1.61 条。

　　是的,数据看上去很美好。似乎只要努力奋斗,一步一步脚踏实地,就可以实现伟大的逆袭。但我们从时间维度上再来看呢?

　　为了度量评论数的变化,我们选取了 2014 年 1 月—6 月评论总数和 2015 年 1 月—6 月的评论总数之间的差值来度量(各选 6 个月是为了排除可能的季节性因素),除了评论的绝对数量的比较,还计算了相对于 2014 年 1 月—6 月评论总数的增长率。结果见表 3-4。

表 3-4　各组餐厅评论数增长

组　　别	前1%	1%～5%	5%～10%	10%～25%	25%之后
平均增长数	852	224	59	6	—3
平均增长率(%)	149	110	60	15	—35

简言之，评论数多的餐厅组别，在后续评论数的增长上都远远高于评论数少的餐厅组别，这个差异体现在绝对数值和相对增长速度上，见图 3-25。

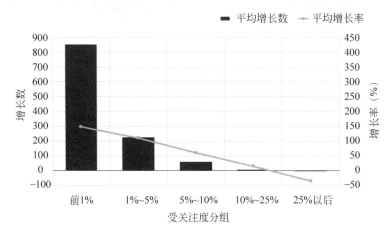

图 3-25　餐厅半年评论增长情况

结论很明显：强者越强，弱者越弱。

我们再抽选出一些样本，比较不同关注度的样本在最近 12 个月的评论数变化，可以得到图 3-26。

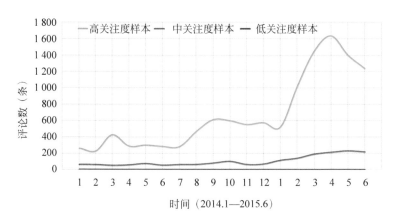

图 3-26　不同受关注度的餐厅评论增长情况

很明显,更受关注的餐厅,其关注度的增长速度要快得多;而关注度较低的餐厅,其评论数的变化已经非常微弱。

是的,大鹏,如果你的努力晚了一点,如果你的起点不够漂亮,如果你一开始就没有赢得世人瞩目,如果你一开始就平庸,那么也许你仍然可以进步,但和那些走在前面的人比起来,很可能就会被越甩越远。

是的,大鹏,如果你要摆脱平庸,你需要高起点……当你做对了一切,仍有很大的可能继续平庸,那么对于这个现实,你做好心理准备了吗?

2015 年 6 月某日

——写给大鹏的第三封信——

大鹏:

你好。

来信收悉。

是的,摆脱注定的平庸可并不容易。为了这个目标,你必须付出更大的努力,投入更多的成本,以及承担更不可知的巨大风险。而最令人沮丧的是,这些竟然还不能确保你的目标能够达成,甚至有时候连概率上的改变都显得微乎其微。

这就是社会的残酷之处。于是,你问我:那我是不是应该放弃了呢?

当然,不!

虽然我告诉你了一些令人悲观的数据,虽然我告诉你打败命运的机会往往少得可怜,虽然我告诉你摆脱平庸的代价有多么惊人,但我绝不是劝说你放弃努力。我只是希望:

不放弃希望,虽然希望很可能渺茫;

不放弃结果,虽然结果很可能沮丧;

不放弃努力,虽然即使努力也难以改变你注定平庸的一生。

你需要给自己一个理由,就是这样。

2015 年 7 月某日

3.1.3　下雨天外卖会变多吗

某年某月某日。上海。狂风呼啸,大雨滂沱。

支书做了一个愉快的决定，点外卖！

然而此事没能逃过老板的法眼。

老板语重心长地说："小团啊，一点点雨就要叫外卖，是不是太懒了。"

支书表示，自己是为形势所迫，并非真懒。

然而口说无凭，必须用数据找出真正的懒人，并证明自己和他们是不同的。

仍然用"点外卖"作为懒人的表征，什么是真正的懒人呢？

雨水、高温、空气污染等要素都可能导致外卖订单量的增加。因此，在本研究中，我们需要剥离天气对外卖量的影响。

姑且将在不利环境条件下点外卖的人定义为"条件型懒人"，将在良好天气条件下点外卖的人定义为"真正的懒人"吧。

先来整体地看一下"懒人"都分布在哪里呢？

支书找出了 2015 年 1 月 1 日—8 月 11 日某外卖送餐网站的订单数据，并统计了工作日的日均外卖订单量。由于该网站未能覆盖上海所有的外卖订单，且我们并不知道一份订单是一个人点的还是几个人合点的，因此，外卖订单量并不等于懒人的数量。但由于外卖订单量与懒人数量具有大致的正相关性，从简化计算的角度出发，我们可以对外面订单量进行线性处理，并将其定义为"懒人指数"。

上海工作日"懒人指数"最高的 20 个地方见图 3-27。

可以看到，长寿路一骑绝尘，荣登懒人指数榜首，紧随其后的是徐家汇和五角场。这里面好像也包括了支书的所在地？

但是！这里面既包括真正的懒人，也包括支书这样的条件型懒人。接下来，我们要按照降雨、高温、空气污染的顺序，把条件型懒人排除出去。

先来看看降雨。

如图 3-28 所示，柱子表示每天雨水持续时长（只计算 8:00～23:00 内的雨水），线条表示懒人指数。可以看到，懒人指数与降雨时长之间存在一定的匹配关系。而当降雨时长超过 10 个小时，雨水持续时长的峰值会与懒人指数的峰值高度重合。

然而这还不够直观。我们根据降雨量和降雨时长对天气进行了分类，得到图 3-29。

图 3-27　工作日外卖单数 top20 地区

图 3-28　雨水持续时长与懒人指数随时间的变化

非常明显,降雨强度越大,降雨条件型懒人的数量就越多。从非雨天到中雨的过程中,懒人数量的增长率基本固定,在 8% 左右。从中雨升格到大雨,懒

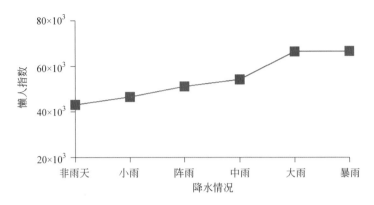

图 3-29　降水天气对懒人指数的影响

人数量就有了一个快速增长，增长率在 20％ 左右。

（外卖小哥：我的内心几乎是崩溃的。）

那么，降雨条件型懒人都在哪里呢？雨天懒人分布区位见图 3-30。

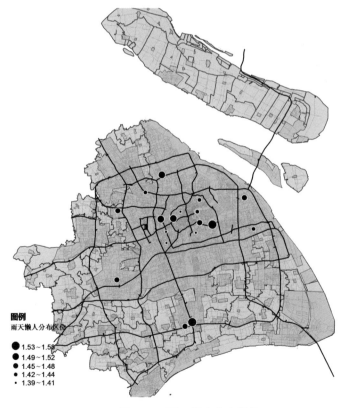

图 3-30　雨天懒人分布区位

我们计算了各个区域的雨天懒人指数增长率,选出 top20 的地区落在地图上。

可以看到,百联南桥购物中心、新都汇和中山公园附近懒人数量增加最多,达到或超过了 50%。

再来看看温度。

这是大半年来上海日最高气温与懒人指数的图。可以看到,除了春节期间外卖数量剧减导致的懒人指数下降以外,总的来说懒人指数和气温都是随时间而增长的。

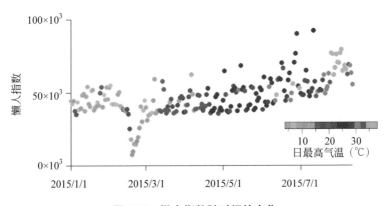

图 3-31　懒人指数随时间的变化

然而这并不能说明气温与懒人的关系。外卖量的增长可能是由于该外卖平台的用户群体的增加,而并非单纯由于气温升高。于是我们又绘制了图 3-22(已去除春节期间的异常值)。

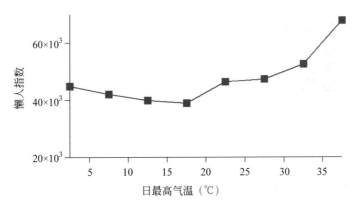

图 3-32　温度对懒人指数的影响

这就比较清楚了：低温和高温都会促进外卖订单量的增加，不过高温的影响力更大一些。日最高温度上升到 30℃ 后，懒人指数增长了 10％，当温度达到 35℃ 后，懒人指数增长了接近 30％。

同时我们也可以看到，最舒适的温度是 15℃～20℃，阳春三月风和日丽，外出觅食顺便看看美女也是极好的。

那么，高温条件型懒人又在哪里呢？

同样的方法，我们计算了各个区域的高温懒人指数增长率，选出 top20 的地区落在地图上，见图 3-33。

图 3-33　高温懒人分布区位

可以看到，高温下顾村公园、百联南桥购物中心和正阳世纪星城的懒人数量平均增加了 50％；而华东师大的同学们也光荣入围前 20 了。

最后来看看空气质量。

图 3-34 是不同空气质量条件下的懒人指数。

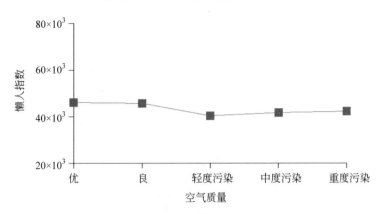

图 3-34 空气质量对懒人指数的影响

乍一看线条很平缓啊！但是仔细看看，好像空气优良的时候懒人还多一些？难道不应该是污染严重的时候大家才宅着吗？我读书少别骗我！

然而仔细想想的确应该是这样。因为上海只有下雨的时候空气质量才会好啊！

不过总的来说，空气质量对叫不叫外卖确实没什么影响。换句话说，不存在空气污染条件型懒人。

（PM2.5：我的内心几乎是崩溃的。）

把各种条件型懒人都剔除掉以后，我们终于可以看看非降雨非高温天气下"真正的懒人"在上海的分布，见图 3-35。

这 20 个地方分别是（按懒人指数从高到低排序）：泰晤士小镇、桃浦、虹桥镇、静安寺、肇嘉浜路沿线、龙华、南京西路、新华路上海影城、开元地中海、和平公园、梅川路、徐泾、陆家嘴、中山中路、上海火车站、华新、虹梅路、四川北路、博乐广场和天山路。

支书指着这张图兴奋地说："老板你看，没有我们这里哦。"

老板的镜片上闪过幽幽蓝光："然而这并不能证明你和他们不同。"

支书思考了三秒钟，拉出了图 3-36。

"老板你看，这是真正的懒人最喜欢点的外卖的种类。"

"那又怎样？"

"我只喜欢吃火锅。"

（老板：我的内心几乎是崩溃的。）

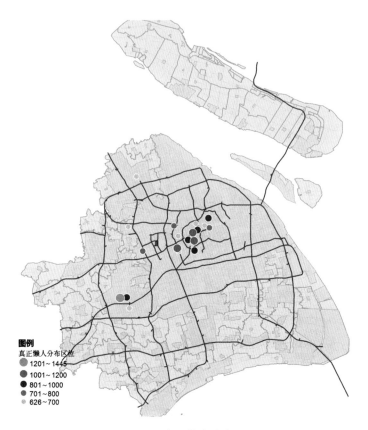

图 3-35　真正懒人分布区位

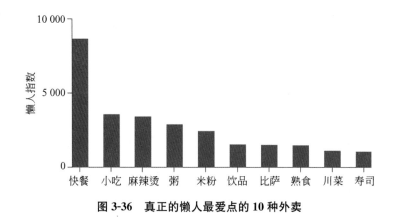

图 3-36　真正的懒人最爱点的 10 种外卖

"那个……老板……做了这么多分析，还不能证明我不懒吗?"

3.1.4　"双 12"规避"假折扣"指南

周末和学姐吃饭闲聊，她问我："小团，'双 12'马上就要到了，你说我该买点什么好呢？"

我诚实地说："缺什么就买什么啊。"

学姐说："其实也不缺什么，但是打折季不买东西，总觉得有点吃亏。不如买衣服吧。有一位名人说过，女人的衣柜里总是缺一件衣服。"

我说："那学姐你想买什么样的衣服呢？"

学姐说："天气这么冷，羽绒服是肯定要的，打底的针织衫也不能少。但是，反季的 T 恤和连衣裙也不能错过呀。唉，真是太纠结了！要不然，你用统计数据帮我推荐推荐吧。"

我的内心有千万匹神兽呼啸而过："刚刚不是说什么都不缺的吗！"

算了，打开数据库看看吧。

由于 2015 年"双 12"的数据难以获取，因此我们假设：在"双 11"参加了活动的买家和卖家，在"双 12"也很有可能参加活动。所以，用"双 11"数据分析出来的结论，应该对"双 12"购物具有一定的指导意义。

于是，我们获取了天猫 27 个服装品牌的官方旗舰店在 2015 年 11 月 7 日—13 日为期一周的商品和评论数据，用作分析样本。我们选择了具有女装偏向的品牌，包括 VERO MODA、Only、GAP、ZARA、C&A、Forever21、ESPRIT、E-land、优衣库、妖精的口袋、江南布衣、韩都衣舍、三彩、裂帛等。

最终筛选完，作为样本的商品数约 15 000 个，相关的评论数据约 273 万条。

那么，给学姐推荐什么衣服呢？

先来看看大家都买了什么吧。

由于真实销量数据从公开渠道难以获取，我们将用评论数作为销量的替代指标(注：采用的是评论的商品成交日期而非评论日期)。然后我们把"双 11"前后几天的数据画出来，见图 3-37。

很明显，在"双 11"当天，各类服装的销量都迎来了一个肉眼可见的高峰。

如果只看"双 11"当天的女装分类，可以画出图 3-38(部分女装类型数据缺失，未进入样本)。

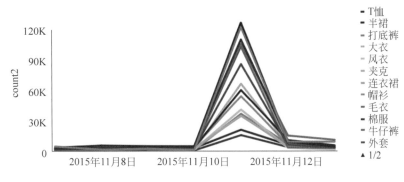

图 3-37　各类服装销量趋势

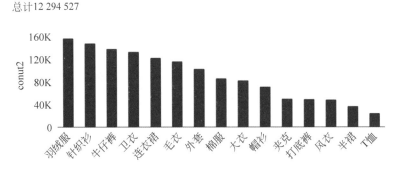

图 3-38　"双 11"当天各类服装销量

很明显，"双 11"期间销量最大的前三大品类分别是羽绒服、针织衫和牛仔裤。这三件好像是冬天的标配啊。

那么，这三大品类的销量激增是"双 11"带来的吗？我们不妨将这些品类在"双 11"当天的销售量与一周中其余 6 天的最低日销量进行比较，可得图 3-39。

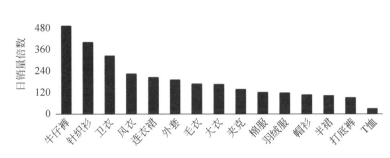

图 3-39　各类服装日销量倍数

可以看到,牛仔裤可谓是"双 11"的最大赢家,其日销量翻了 440 倍;针织衫以 360 倍的成绩紧随其后;占据第三名位置的变成了卫衣;而即使是反季的 T 恤,也在"双 11"这天获得了 30 倍的销量。相对而言,羽绒服的表现则不那么抢眼,可能是因为在"双 11"这个寒流来袭的日子里……无论打不打折这都是刚需吧。

于是,我指着上面几张图对学姐说:"相信大家的选择总没错,排在前面的这几种衣服类型都可以考虑哦。"

看着这个结果,深刻的学姐陷入了深层次的思考,她问:

"为什么大家'双 11'都买牛仔裤呢? 难道是因为牛仔裤打折最厉害吗?"

为了回答这个问题,我决定设计一个指标来定义:品类折扣率。其计算方法为某品类"双 11"当天的日均价格与"双 11"前后一周中日均最高价格的比例。

那么,各类服装在"双 11"当天的品类折扣率如何呢? 见图 3-40。

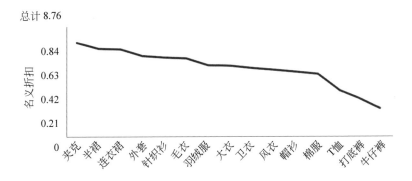

图 3-40　各类服装折扣率

嗯,**牛仔裤的折扣率只是居中而已。而折扣率最低的则是棉服和打底裤。** 但是,各品牌的折扣率最低也徘徊在 0.6 左右,说好的五折呢?

学姐并没有在意这个问题,她的思绪已经飞得更远:"'双 11'那天我已经经历过了,赶在活动当天的凌晨抢单太累了,有没有商品会在活动之后还保持低价的? 我和大家错开高峰。不如你把这一个礼拜的价格变化曲线拉出来看看吧。"

各类服装价格趋势见图 3-41。

很明显,对于大多数服装种类牌来说,"双 11"当天的价格都是近期价格的

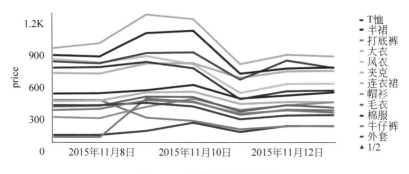

图 3-41　各类服装价格趋势

谷底，而在"双 11"过后，其价格都有轻微的上调。也就是说，抢在活动当天下单是非常重要的哦，一定要抓紧时机。

然而这并不是重点！

重点是，大多数服装品类的价格都在"双 11"前一天或者两天出现了上涨现象！

先涨价然后再打折？我气愤地说："这也太过分了吧！"

学姐则露出了淡定的微笑："小团，你还是太年轻了。我多年的网购经验告诉我，购物，就是一个买家卖家斗智斗勇的过程。"

好吧，那怎么斗呢？

我又重新设计了指标，取"双 11"前后 7 日的日均价作为基准价格，然后与"双 11"当天的价格进行比较。将这一指标定义为品类真实折扣率。

那么，品类真实折扣率与品类折扣率差距有多大呢？见图 3-42。

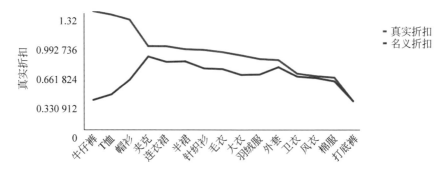

图 3-42　各类服装折扣率

毫无疑问,大多数种类的商品的真实折扣都高于名义折扣。其中有些商品不仅没有打折,反而还涨了!比如说销量翻倍排名第一的牛仔裤!

看到这个结果的我义愤填膺:"学姐,幸好你经验丰富,我差点就上牛仔裤的当了。看来,还是买打底裤最划算啊!"

而学姐则非常冷静:"小团你又不懂了。很多商家并不是涨价,而是在'双 11'之前上新了。假如某服装品类中高端品牌上新的商品比中低端品牌多,其权重自然就会增大,而该服装品类的平均价格也会被相应地拉高。你先不要着急,不如看一看这几天的牛仔裤商品数量在品牌上的变化吧。"

于是,我绘制出了图 3-43。

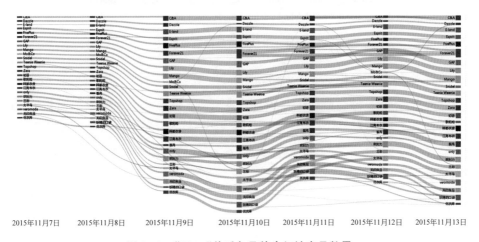

2015年11月7日　　2015年11月8日　　2015年11月9日　　2015年11月10日　　2015年11月11日　　2015年11月12日　　2015年11月13日

图 3-43　"双 11"前后各品牌牛仔裤商品数量

可以看到,在 11 月 9 日和 11 月 10 日这两天,牛仔裤商品数量有了飞跃性的增长。几乎所有的品牌在"双 11"前 2 天都有牛仔裤上新。

我不禁松了口气,说:"学姐你真不愧是网购达人,看来价格果然是被新品拉高的。我又重新相信世界的善意了。"

而学姐却沉默良久,之后眉头紧锁地说:"小团,似乎并不是这样。你再仔细看看,虽然牛仔裤商品的数量变多了,但这一品类的品牌结构却并没有大的变化。也就是说,在牛仔裤这个品类上,高中低端品牌的上新比例是差不多的,那么理论上这一品牌的均价也不会有大的提高。除非——"

我瞬间明白了:"除非商家在为其新品定价的时候都刻意高于本品牌的平均价格。"

于是，在学姐的指导下，我首先按照"双 11"前后七日的牛仔裤均价把所有的牛仔裤品牌分为了高中低三档。这三档牛仔裤品牌的数量百分比分布见图 3-44。

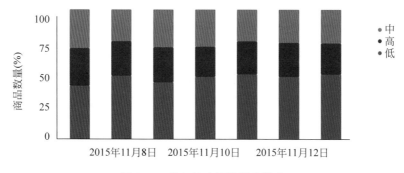

图 3-44　牛仔裤商品数量分档次

看来，比例的变化确实不大啊。

那么，到底是哪些品牌大规模地上架了"价格远高于品牌一般定价的新品"呢？

我一咬牙，做出了各个品牌牛仔裤的真实折扣率和名义折扣率，见图 3-45。

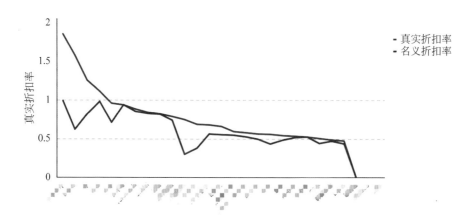

图 3-45　各品牌折扣率

值得庆幸的是，我们看到，除了一些牛仔裤数据缺失的品牌（最右边三个），绝大多数商家的牛仔裤的确打折了，虽然并没有低至五折；但值得注意的是：仍有少数几个品牌牛仔裤的"双 11"价格高于其平时平均价格。

而学姐则指出了另一个关键的问题："为什么要给品牌名字打码？"

我理直气壮地说："因为我既怕被打，又没有收广告费！"

学姐说："那你做这张图有什么意义呢？！"

我微笑看着学姐："凭学姐你的本事，还解不了码吗？"

3.1.5　上海的水源安全吗

2015 年上海市新发布的《上海市城市总体规划（2015—2040）》纲要概要中写了这么一段话：

加强与江苏、浙江在长江和太湖流域水资源供给方面的战略合作，进一步开拓黄浦江、长江流域水源地。建设黄浦江上游区域清水走廊，保证太湖流域水质及水量供给。争取东太湖、太仓浏河水库等新水源地为上海供水，探索建立长三角区域内水源地联动及水资源应急机制。

为什么要做这么一件事呢？上海的水不够喝吗？

其实在够不够喝的问题之前，还有一个同样重要的问题是：

上海的饮用水安全吗？

一般来说，饮用水安全受到水源地水质、水处理工艺、水的运输和储存等多个环节的影响。而本文想要探讨的，是水源问题。

从历史上看，上海的水源地大概是这样的：

2011 年以前，上海是以黄浦江作为唯一水源的。

2011 年以后，以长江和黄浦江作为双水源。（很明显，一条江的水不够了⋯⋯）

到现今，上海已经有四个饮用水水源地了：黄浦江上游、陈行水库、青草沙水库、东风西沙水库。

其中，除黄浦江上游以外，三个水库均从长江取水。而从水的供应量来看，上海饮用水约有 50% 来自黄浦江上游，50% 来自长江。

然而，有四个水源地，是否就意味着上海的水源就是完全有安全保障的呢？

事实上并不是这样。

长江水源地靠近长江入海口，长江枯水期时容易受咸潮的影响；而黄浦江上游水源地则是开放式的,比起水库,则容易受到突发因素的污染,比如说——

2013 年,发生了黄浦江死猪事件,上海饮用水出现重大隐患。上海市民陷入恐慌,到超市疯狂抢水。

那么,死猪从哪里来? 黄浦江水从哪里来?

上海周边水系和水库分布见图 3-46。

图 3-46　上海周边水系和水库分布

图 3-46 中,浅蓝色的是主要水系,深蓝色的是密布的水网和其他湖泊。

可以看到,**黄浦江上游主要水源来自太湖和淀山湖**。太湖就是西边有小半个上海那么大的那块蓝色,淀山湖就是次大的那块(其实它的水也是来自太湖)。

因此,我们要探究上海的水源安全,就必须讨论这两座湖的水源质量。

那么,太湖水质如何呢?

一般而言,我国将地表水水质分为五类。其中,Ⅰ 类水质最佳,Ⅴ 类和劣Ⅴ 类水质最差。集中式生活饮用水水源地水质至少应达到 Ⅲ 类。

假如我们认为水质达到三类或以上视为"合格"的话,那么太湖近十年来的成绩单应是这样的(太湖有约 30 个水质监测断面,将水质合格的断面个数除以断面总数得到合格率),见图 3-47、图 3-48。

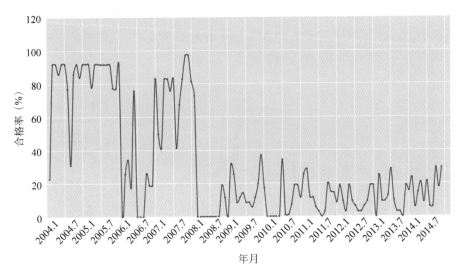

图 3-47　2014. 1—2014. 7 太湖水质合格率逐月变化

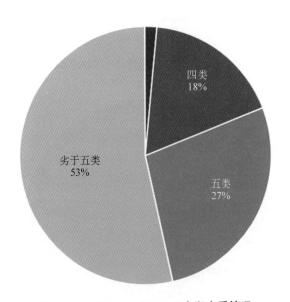

图 3-48　(2004. 1—2014. 7)太湖水质情况

可以看到,太湖的成绩一直很不稳定。

尤其是 2008 年以后,太湖水质一蹶不振,合格率长期低于 20% 甚至

10％。但即使是从 2004 年至今的近十年中，太湖的水质在超过一半的时候都是劣 V 类，还有 27％的时候是 V 类……

但太湖区域烟波浩渺，整个湖区的情况也并不能完全说明水源的安全问题。那么，我们再来具体看看作为主要水源地的东太湖(太湖的一个湖区)的水质情况。请看图 3-49、图 3-50。

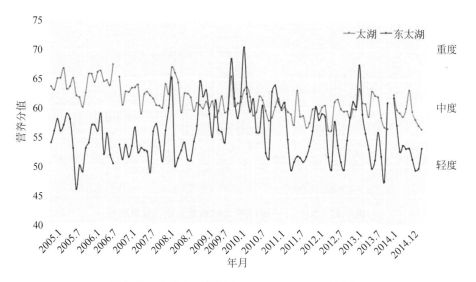

图 3-49　太湖水质指标 2015.1—2014.7 逐月变化

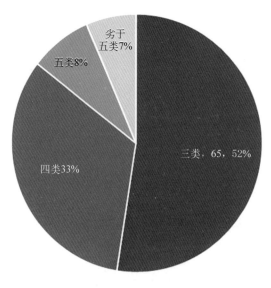

图 3-50　东太湖水质情况(2004.1—2014.7)

令人欣慰的是,东太湖可谓太湖水质最好的湖区之一了。其水质大多数时候维持在Ⅲ类水平,为太湖全湖低得可怜的水质合格率做出了不可磨灭的贡献。

然而,作为水源地的话,Ⅲ类水的水质仍然不足以令人放心;从富营养化水平的时间序列上看,也似乎并不存在好转的趋势。

那么,是哪些科目(指标)拖垮了太湖的成绩呢?

水质指标有很多,我们从主要污染物中的总磷、总氮和高锰酸钾指数来说,顺带也说说叶绿素 a。

其中,总磷、总氮都是表征水体富营养化程度的指标;若水体富营养化程度高,可能引起藻类及其他浮游生物迅速繁殖(水华),叶绿素 a 含量增加,水体溶解氧量下降,水质恶化,鱼类及其他生物大量死亡。高锰酸钾指数则用于表征水体的有机污染严重程度。

太湖的这四科成绩见图 3-51、图 3-52(指标数值越小,水质越好),实线是太湖的水质数据,虚线是Ⅲ类水标准。

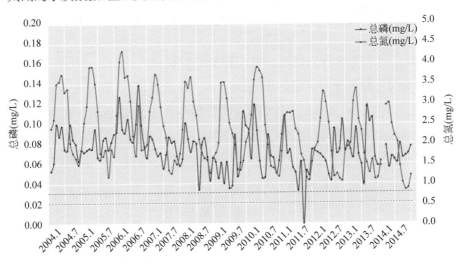

图 3-51 太湖水质指标 2004.1—2014.7 逐月变化

可以看到,太湖的总氮、总磷含量是远远超标啊!

不过高锰酸钾指数还算比较好,绝大多数时候都是达标的。另外,高锰酸钾指数和叶绿素 a 含量之间的相关性也十分显著(我国水质标准中对叶绿素 a 含量暂无要求)。

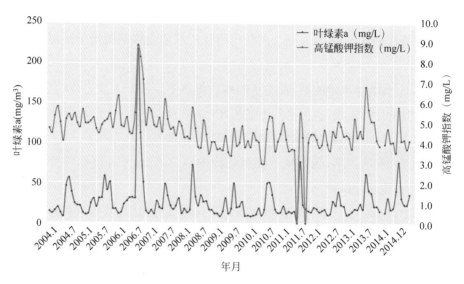

图 3-52　太湖水质指标 2004.1—2014.7 逐月变化

而且，很不幸的是，从时序上看，太湖的氮磷含量存在着明显的周期变化，但并没有好转的趋势。

那么，这么多的氮和磷都是从哪里来的呢？

我们再来看看太湖周边城市的氮磷排放情况。

污染源一般可分为工业污染、农业污染（畜禽养殖业、种植业、水产养殖业）和生活污染三大类。由于我们掌握的数据有限，以下仅展示各城市农业污染和生活污染的氮磷排放情况（见图 3-53）。

可以看到，就总氮排放量而言（单位：吨），嘉兴、杭州、湖州占据了前三甲的位置。

而总磷排放量的前三甲，同样也是嘉兴、杭州、湖州这三座城市（见图 3-54）。

再来看看嘉兴的氮磷排放来源，畜禽养殖业独领风骚（见图 3-55）。

据了解，开头黄浦江那个死猪也是从嘉兴来的。有时候我们更关注工业排污对水体的影响，但事实上，农业面源污染同样对水源的污染影响巨大。

那么，太湖水在流经各个城市以后，水质又变得怎么样了呢？

我们按照太湖流域主要水体 10 年逐月的水质类别数据（即每个样本有120 个观测值），取每个样本水质类别的众数，绘制出图 3-56。

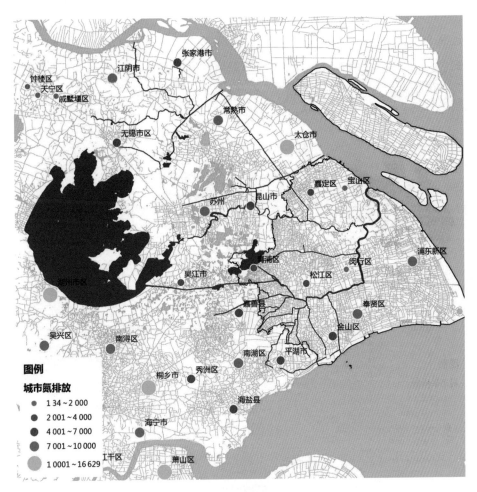

图3-53　上海周边城市氮排放情况

可以看到,东太湖(太湖东南角绿色)的水质基本达到Ⅲ类标准,但在其下游的太浦河苏州吴江段、红旗塘嘉兴嘉善段,水质已变为Ⅳ类,上海境内的黄浦江段更是再降为Ⅴ类。而流经苏州的吴淞江—苏州河,则直接降为劣Ⅴ类。

当然,这些河流只是长三角和太湖流域星罗棋盘般密布水网中的一小部分。大小水体,阡陌交通,息息相关。供养上海的水源,其实也同样滋润了江浙;水源的污染,毫无疑问,也同样流入整个长三角的大水系之中,再转辗到各个供水水源地中。

当然,虽然水源质量堪忧,但在具体的自来水处理流程中,还是有很多技术手段可以进行过滤和优化的,同时,上海市于 2015 年起开始实施一项总投

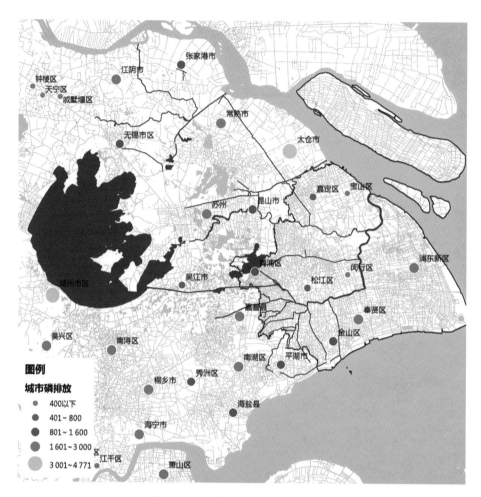

图 3-54　上海周边城市磷排放情况

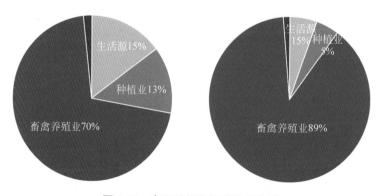

图 3-55　嘉兴总氮和总磷排放来源

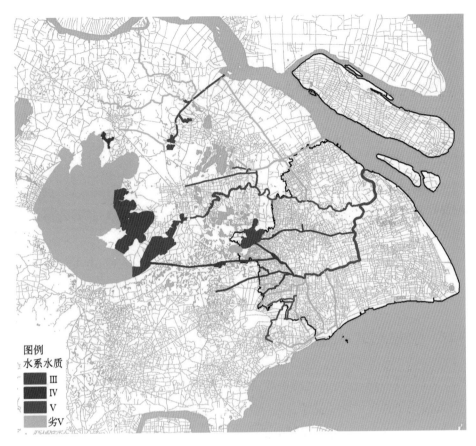

图例
水系水质
- Ⅲ
- Ⅳ
- Ⅴ
- 劣Ⅴ

图 3-56　上海周边水系水质

资为 76 亿元的黄浦江上游水源地原水工程,试图解决这些问题。

所以,在水治理这样一个艰难而长期的过程中,我们建议大家不要恐慌,还是要相信自来水厂。

也只能这样了。

后记:

城市数据团这次的数据为什么这么七零八碎呢?

我们也很无奈——

虽然 2008 年 5 月开始实施的《环境信息公开办法(试行)》中明确规定:"公民、法人和其他组织可以向环保部门申请获取政府环境信息。"

然而,时至今日,我国环境信息公开依然处于初级阶段。"不想公开、不敢公开"，导致在很多城市，信息申请渠道并不畅通，还有一些城市，信息申请和信息公开工作尚未制度化。

总而言之，从政府获取高质量的环境数据相当困难。

而本文中使用的数据是"上海道融自然保护与可持续发展中心"历时多年辛苦搜集整理，并尝试推动更多环保数据的场景应用。这些数据的确还不够全面和细致。真实的情况可能比我们文章中写得更好一些，但更大的可能是——更差。

的确，从水源地保护的角度、从保障长三角饮水安全的角度，这一点点数据显然是远远不够的。除了向政府申请以外，包括道融在内的多家公益机构都希望通过公众参与的野外调查来获取第一手的环境数据。

同时，也希望市民们在家庭生活中能更多使用无磷洗衣粉，并关注所属自来水厂的水质公报。

3.1.6 "控制人口"——开给上海的一剂毒药

人口控制并未被写入上海市政府工作报告，但在 2016 年的上海市"两会"上，却成为了最多关注的议题之一，但无论怎么包装，"控制人口"这个公共政策，都是建立在一个极其简单粗暴的逻辑上的。这个逻辑推导的全过程如下：

为什么堵车了？——因为人多。

为什么上学难？——因为人多。

为什么地铁挤？——因为人多。

为什么有小偷？——因为人多。

为什么外滩踩踏了？——因为人多。

诸如此类。注：在某些特殊的不和谐语境下，"人多"可以直接替换为"外地人多"。

那么，人多该怎么办呢？——"控制人口"！

推导完毕。

我相信连路边电线杠上贴的专治尖锐湿疣小广告上的"老军医"都能编一个更复杂的逻辑，然后开一剂更给力的药来忽悠你。好吧。就算"控制人口"是一剂药，不管是谁给开出的药方，我们本着科学的态度，来认真地看看这剂药到底行不行。

怎么评价一剂药呢？本山大叔说过：不看广告看疗效。但本山大叔忘了，在看疗效前，有一件事更值得首先关注，那就是"毒副作用"。

因此，回答上海到底应不应该控制人口之前，我们首先要回答这个问题：

对于上海而言，"控制人口"有没有什么"毒副作用"？

要看毒副作用，我们首先得让上海吃药才行。由于我国最新的人口普查数据仅仅截至 2010 年，因此，我们选择穿越到 5 年前，在 2010 年给上海服下这剂药。

假设此药药效极其猛烈，立竿见影，吃完之后整个城市顿时神清气爽，从 2010 年统计完 2 300 万（"六普"上海常住人口数据）这个数字起，一个外地人都进不来上海了，一共就这 2 300 万人搁在这里任其生生死死。

这样的药效够给力了吧，那吃了这服药的上海，人口规模会变成怎样呢？

我们知道，一个城市的人口变化由三个指标构成：出生人口，死亡人口和迁移人口。既然我们已经吃了药，人口不再迁入了，那就只能用仅有的两个指标——出生人口和死亡人口来计算了，顿时人口预测变得很简单有没有？

预测过程如下所述。

（1）我们先简单设定一下生育率。

从上海历年人口普查数据来看（表 3-5），上海市生育率从 1990 年后逐渐进入了稳定的区间。

表 3-5　上海逐年生育率变化

年份	1981	1990	1995	2000	2010
生育率‰	53.27	43.41	19.70	18.72	24.65

因此，我们就先取 2010 年的生育率为基准来计算吧。考虑 2010 年后开放单独二胎的影响，我们假设未来上海的生育率为 2010 年生育率的 1.1 倍（计生委定为 1.2 倍，但我记得知乎上某数据帝的预测是 1.06 倍，我倾向于后者，但为了计算方便稍微折中一下吧），且在 2011—2040 年保持不变。于是得到了上海市的未来生育率，见图 3-57。

（2）接下来，我们再简单设定一下死亡率和存活率。

1981—2010 年，上海市死亡率始终呈下降趋势，具体数字见表 3-6。

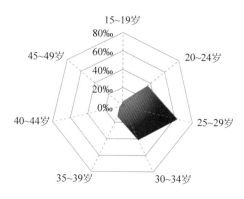

图 3-57 上海市未来生育率预测

表 3-6 上海常住居民历年死亡率

死亡率(‰)	1981	1990	2000	2010
男	6.54	6.16	5.91	5.17
女	6.01	5.80	5.65	4.75

由于 2010 年的上海死亡率在全国和全球都已经居于很低的水平，故不再做回归分析。假设 2011—2040 年上海市死亡率水平与 2010 年持平（见图 3-58）。45 岁以下的上海人口死亡率均在 1‰以下，60 岁以下的死亡率均在 5‰以下，从 75 岁开始死亡率大幅提升。且绝大多数年龄组的男性死亡率高于女性。

死亡率与 1 的差值即为该年龄组人口的 1 年存活率。由 1 年存活率可进一步计算得到 5 年存活率（见图 3-58）。上海 2010 年人口的五年存活率与纽约 2000 年的水平已经非常接近（值得恭喜）。

（3）有了生育率、死亡率与存活率，我们将其值代入每个年龄分组中去。

然后祭出华丽丽的公式（cohort componentmodel，伦敦、纽约、东京、新加坡、中国香港的人口预测都是运用这套公式计算的）

$$P_y = \sum_{i=0}^{21} \sum_{s=1}^{2} P_{y,s,i}$$

$$P_{y,s,0} = \sum_{i=15}^{7} (P_{y-5.2,i} \times \alpha_i) \times \beta_{s,0} \times \gamma_s \times 5$$

$$P_{y,s,i}(0 < i < 100) = P_{y-5,s,i-5} \cdot \beta_{s,i}$$

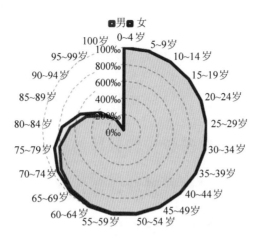

图 3-58　上海人口五年存活率（2010 年）

$$P_{y,s,100} = (P_{y-5,s,95} + P_{y-5,s,100}) \cdot \beta_{s,100}$$

公式里面这些奇怪符号的说明见表 3-7。

表 3-7　符 号 说 明

符号	含　义	取　　值
y	年份	2010、2015、2020、2025、2030、2035、2040
s	性别	1（男）、2（女）
i	年龄组；其数值为 5 岁年龄组的起始年龄	0,5,10,15,…,100 共 21 个值
α_i	年龄组 i 的妇女生育率	i=15,20,25,30,35,40,45 取 2010 年人口普查的对应数值的 1.1 倍 假设其在预测期内为常数
$\beta_{s,i}$	不同性别各年龄组的 5 年存活率	取 2010 年人口普查的对应数值 假设其在预测期内为常数
γ_s	新生儿性别比	取 2010 年人口普查的对应数值 假设其在预测期内为常数
P_y	年份 y 的人口总量	
$P_{y,s,i}$	年份 y、性别 s、年龄组 i 的人口数量	

经过一番计算，得出如下结论。

假如上海吃了这颗"人口控制"的神药,有效地控制住了人口迁入,从 2010 年起不再有任何一个人迁入上海,那么上海将在 2015 年到达其人口峰值 2 313 万人,然后开始逐年下降,到 2040 年时下降至 1 934 万人。具体规模数值变化见图 3-59。

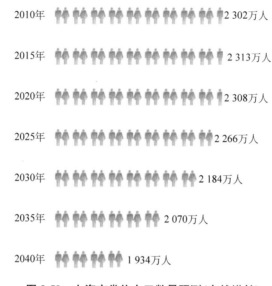

2010年   2 302万人

2015年   2 313万人

2020年   2 308万人

2025年   2 266万人

2030年   2 184万人

2035年   2 070万人

2040年   1 934万人

图 3-59 上海市常住人口数量预测(自然增长)

预测完毕。

经过了近 40 年的努力,上海市人口终于回到了 2000 年的水平,这下应该车也不堵人也不挤空气清新外滩看个烟花也没有踩踏事件了吧。

但是,先别急着高兴,我们来看看,这是怎么样的 1 934 万人呢?

这 1 934 万人中,20 岁以下的幼儿和青少年仅占 7.95%;(小朋友少了,入学也不困难了呢)

20~59 岁的劳动年龄人口仅占比 50.96%;(好像有点不对,2010 年的时候占 70% 多呢)

60 岁以上老人居然占 41.09%!(2010 年仅 15% 就已经号称进入老龄社会了,41% 是个什么鬼啊!)

有些人可能对这些数字并不敏感。那么我们直接来看图(见图 3-60),我们对比一下 2010—2040 年的百岁图的变化。

从图 3-60 中可以看到,随着"控制人口"的药效持续给力,上海市百岁图

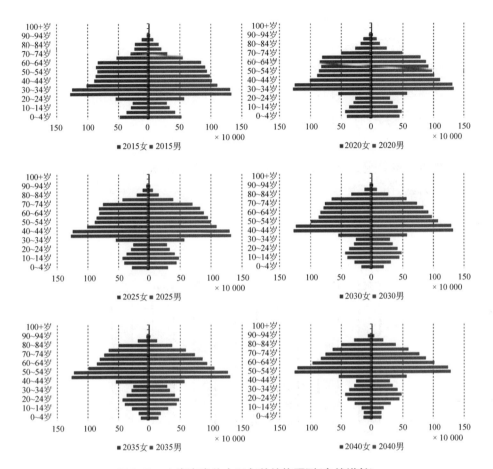

图 3-60 上海市常住人口年龄结构预测（自然增长）

的结构将从 2010 年的枫叶型逐渐变成了蘑菇形。从一个拥有巨大劳动年龄群的健康结构逐渐变成了一个超不稳定结构：

巨大的老年人群体盘踞在百岁图的上方，而下面则是孱弱如一条线一样的劳动年龄人群和学龄人群来勉力支撑。

这就是我们想要的上海市的未来吗？

——只有约 50％的劳动年龄人口，支撑着超过 40％的老龄人群，然后剩下的希望交给了不到占比 10％的下一代。

"控制人口"？这甚至不是什么"毒副作用"的问题，这干脆就是毒药啊！

好吧，既然是毒药，那我们尝试挖掘一下其毒性的来源吧。简单解读一下，我们会发现"人口控制"的前置逻辑中隐藏着这样一个核心问题：

上海应该保持多大的人口规模呢？

而这个隐藏逻辑是：

因为有了合理的人口规模，所以我们应该控制人口以达到该规模。

在回答这个合理人口规模的问题前，我们继续从年龄结构角度出发，看一看上海应该保持一个怎样的人口年龄结构呢？

先把视野拓宽，看看其他全球的人口年龄结构会是什么样子的。

先看东京。图 3-61 是东京三十年来的劳动年龄人口比例的变化。在图中可以看到，其劳动年龄人口比例略有缩减，但总体看来，保持了相对稳定的态势，在 70％上下浮动。

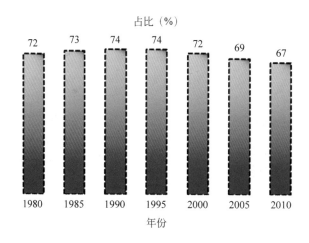

图 3-61　东京劳动年龄人口占比

再看伦敦。图 3-62 是近十年来大伦敦的劳动年龄人口比例的变化。可以看到，其劳动年龄人口的比例保持了惊人的高度稳定，连续十年维持在 70％的水平。

以上两个城市说的都是过去的人口变化，那么未来呢？这些全球城市又是怎么预期自己未来的人口年龄结构？

图 3-63 是中国香港、伦敦、东京、纽约四个城市的官方人口预测中对未来三十年劳动年龄人口结构的估计。除了中国香港有明显的下跌（75％跌到60％之外），其他三个城市的总体变化都不大，均保持了其 2010 年的劳动年龄人口比例。

从这些全球城市的人口年龄结构比较中，我们可以建立起一个初步的

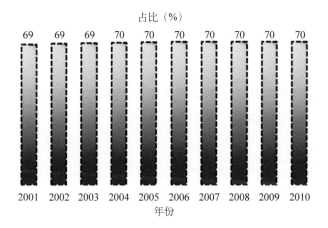

图 3-62　伦敦劳动年龄人口占比

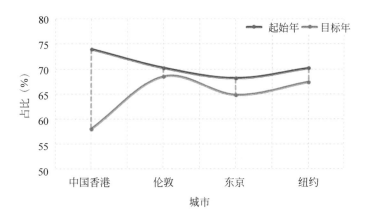

图 3-63　四大城市劳动年龄人口占比预测

认知：

　　虽然人口结构包含多个指标，如年龄、教育、性别、民族等，但其中年龄结构是至关重要的要素之一。而保持稳定的劳动年龄结构，是一个城市（尤其是全球城市）保持其竞争力的重要核心。

　　以日本为例，虽然其全国的老龄化已经非常严重，劳动年龄人口比例已经完全失调，全国大部分城市的规模都在收缩，但对于东京这样的全球化城市，却依然拥有高度稳定的劳动年龄人口结构，同时保持着高度的年龄结构竞争力。

参考以上城市，我们可以完全确认：对于上海而言，假如需要在未来三十年继续保持其城市竞争力，那么保持一个稳定的劳动年龄人口结构就显得非常必要。

问题来了：

假如上海市在未来三十年内仍保持着 2010 年的劳动年龄人口比例水平，其人口规模应该是怎样的呢？

开始计算：

由于我们先设定了劳动年龄人口比例目标，因此需要一个逆向公式（与预测公式逆向）进行计算。公式为

$$P''_{y,m} = \frac{P_{2010,L}}{P_{2010}} \cdot P_y - P_{y,L}$$

$$P''_{y,s,i,m} = \frac{1}{2} P''_{y,m} \cdot \gamma_{s,m}$$

$$P''_{y,s,i} = P_{y,s,i} + P''_{y,s,i,m}$$

$$P''_y = \sum_{i=0}^{21} \sum_{s=1}^{2} P''_{y,s,i}$$

其中各个奇怪符号的意义如下表所示：

表 3-8

符号	含 义	取 值
$P''_{y,m}$	年份 y 的净迁入劳动年龄人口总量	
$P''_{y,s,i,m}$	年份 y，性别 s，年龄 i 的净迁入人口数量	$i=20,25$
$P''_{y,s,i}$	年份 y，性别 s，年龄 i 的人口数量	
P''_y	年份 y 的人口总量	

我们将各个相关数值代入公式中，可以得出表 3-9。

表 3-9

年份	五年净迁入总量	净迁入劳动年龄人口	平均每年净迁入
2010—2015	266.33	266.33	53.27
2015—2020	523.27	523.27	104.65
2020—2025	557.94	557.94	111.59

年份	五年净迁入总量	净迁入劳动年龄人口	平均每年净迁入
2025—2030	560.93	560.93	112.19
2030—2035	520.41	520.41	104.08
2035—2040	461.25	461.25	92.25

可以得到结论：为了保证每五年上海市的劳动年龄人口比例保持不变，我们需要——

在 2010—2015 年，平均每年净迁入劳动年龄人口 53 万；

在 2015—2040 年，平均每年净迁入劳动年龄人口在 100 万左右。

在这样一种迁移率的水准下，上海市人口将高速攀升，至 2040 年其人口总量将达到 5 449 万；

在 5449 万的人口规模下，其中，青少年、劳动年龄人口和老龄人口占比才能够基本维持 2010 年的状况，分别为 13.97%、71.44% 和 14.59%。

其每五年的变化见图 3-64。

2010年　2 302万人

2015年　2 579万人

2020年　3 129万人

2025年　3 741万人

2030年　4 368万人

2035年　4 949万人

2040年　5 449万人

图 3-64　上海常住人口数量预测（比例不变）

计算完毕。

5 400 万！比 2010 年的人口翻一倍还要多！

有点惊人，但这就是我们算出的数字。假如上海在未来需要与那些全球化城市一样保持一个稳定的劳动年龄人口结构，这就是上海将要同时也是必须达到的目标。

到这里，大家可能会充满疑惑：为什么纽约、伦敦、东京这些城市也都保持了合理的人口结构，但未来其人口规模的预测却没有那么惊人的增幅呢？

这里有一个属于上海的很简单但也一直深藏着的原因：

上海是一个全年龄段净迁入的城市

图 3-65 是我们从年龄角度出发，根据五六次普查的年龄组细分数据，绘制出的上海市 2000—2010 年人口迁移图（已折减掉死亡率）。这张图准确地反映了 2000 年的不同年龄组人群在十年内的迁移规模（单位为万人），见图 3-65。

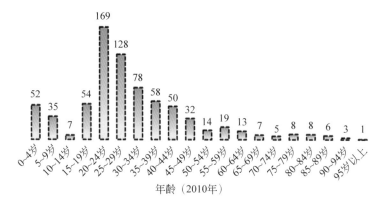

图 3-65　上海净迁入人口年龄结构

从图中我们可以看到，在"五普"到"六普"之间的十年内，折减掉死亡人口，2000 年所有年龄段的人口规模均表现为净迁入状态。

换句话说，虽然具体到每个人可能会有进进出出的情况，但如果以年龄段人口的席位数来看的话，总体表现为只进不出。

也就是说，假如不考虑因死亡减少的人口的话，就纯迁移角度而言，在 2000—2010 年这 10 年里：

2000 年出生的人增多了，

1995 年出生的人增多了，

1990 年出生的人增多了，

1985 年出生的人增多了，

......

1930 年出生的人增多了，

......

连 1915 年出生的人都增多了！

是的，连老龄人口也都呈现净迁入趋势！

这是一个与西方经验大相径庭的现象。

以伦敦、纽约、东京等城市为例，其城市人口随着年龄增长，会逐渐搬离城区，选择在城外郊外置业，以寻找更好的学区和更宽敞的居住环境（比如，《老友记》中的莫妮卡和钱德勒），从而使城市在中老龄人口上会呈现净迁出态势。

年轻人进来，老年人出去，即使劳动年龄人口总量不大幅度增大，也能保持健康的比例。

但对于上海而言，上海人随着年龄增长，开始置业买房，养育后代，他们会搬离上海吗？上海人年纪大了，守着全国数一数二的医疗和福利设施所在地，他们会搬离上海吗？

哦，有人说房价实在太高了，他们可能会被迫搬走，是的，他们搬去了松江，搬去了航头，搬去了周浦，搬去了临港。可这不还是上海吗？

想象一下，在现今极低的死亡率情况下，加上又缺乏有效机制鼓励老龄人口迁出上海，那么上海的老龄化现象毫无疑问只会愈演愈烈。

怎样对冲上海市指数型增长的老龄化率？

答案很简单，按比例引入年轻人口。根据上海过去十年各个年龄段迁移率进行计算，这个对冲过程最终呈现出的人口规模数字就是刚才那组数字（再强调性地重复一遍）：

2040 年，上海市达到 5 400 万人口。

一个城市是否应该有一个合理的人口规模？或者有，或者没有，没有预设的价值观和立场时，我们不能也无法回答这个问题。

但无论如何，我们始终强调这样一个观念：

在城市决策中，"他们"（决策者们）的目标设定与手段选择应保持其一致性。对于设定出的目标，需要知道潜在的后果和可能的手段。最起码不能南辕北辙指东打西。

那么回到人口规模和控制的问题，可以这么总结：

假如"他们"迫于某些领导、人大代表或本地舆论的压力而不得不控制人口，我们必须提醒"他们"需要注意到上海的未来可能会因为这个压力下的决策而加剧老龄化水平过高和失去城市竞争力、或者出现城市所无法承担的高昂抚养比代价。

如果"他们"都觉得没问题，那么请尽可能地控制吧。严管户籍也好，打击群租也好，手段多得是，我们一起用城市和市民的未来给"饮鸩止渴"这个成语写一个更好的注释案例。

但假如"他们"希望上海能够保持一个可持续的人口年龄结构，但又缺乏合理有效的政策手段使老龄人口迁出上海（纯技术角度，不探讨道德问题），那么 5 400 万就是 2040 年上海市的（其中一个）合理城市人口规模。

但是，5 400 万，这的确是一个人类的城市发展历史上未曾出现过的人口数字。但过去不曾并不代表未来不会，更不代表没有可能性。

问题在于，上海拿什么去直面这样一个巨大的数字和这个数字所代表的未来城市危机呢？

这已经不仅仅是"他们"的事了，这是每一个生活在上海或者未来有可能生活在上海的人需要共同深思的一件事，这是"我们"的事。而"我们"中的每一个人，都可能是未来这 5 400 万的其中之一。

写在最后的一些补充思考

关于人口预测与情景模拟：

本节之所以选择了一个纯粹的基于人口年龄结构视角切入，只是希望能够给用"控制人口"来解决问题的思路敲一下警钟。因此，5 400 万绝不是人口预测，只是情景模拟。

关于环境承载力：

我们没有（暂时也不打算）从这个视角探讨这个问题。我们非常期待有人能够基于这个主题做出具有说服力的人口规模观点，如果是我们遗漏了相关文献的话欢迎提醒补充。

关于老年人迁出：

未来老龄人口会不会迁出上海？我们不知道。这是一个高度跟政策相关的话题，涉及养老金统筹、户籍、医疗等一系列的问题，未来是什么走向，我们也不知道,更不打算猜测。但可以看到的现实是:在现行政策体制下,总体上老龄人口很难离开上海。因此,我们的结论是:假如要控制人口,就必须考虑老龄人口是否会迁出的问题,并提出相应的政策解决方案,否则控制人口不过是吃了一剂毒药而已,表面治好了一个病,但其实又中了更深的毒。

关于其他全球化城市的经验。

有人提到世界大城市都控制人口。这里必须科普一下。首先,的确世界大城市(例如,纽约、伦敦、东京、巴黎)曾经都尝试过控制人口,但是没有一个成功过。其次,这已经是发生在大约五十年前的事了,现在大家似乎都已经明白过来了,吸引人口才是正路。如果有兴趣的话,大家翻看一下纽约(PLANYC)、伦敦(The London Plan)以及东京(Tokyo Vison 2030)的规划文件吧,看看它们是怎样不遗余力地见缝插针地造房子来应对新增人口的。

当然,别人怎么做,不见得我们就要怎么做。但是为什么和大多数人(更优秀的人)做的不一样,我们就必须有能够说服大众的理由。为什么东京都市圈 3 500 万人都没崩溃,上海 2 400 万不到就已经不行了? 是人太多了? 是治理能力? 还是城市规划? 我们需要寻找不敷衍的更真实的答案。

最后插播一个小故事:

大约七十年前,中华民国上海市政府组织了一群专家学者和名流,准备编制一本叫作《上海大都市计划》的东西,以指导未来的上海市发展。当年(1946年)上海人口是 400 万,而专家组的人口预测是 50 年后(1996 年)上海人口达到 1 600 万。当时几乎没有人敢相信一个如此巨大的数字,于是这个话题讨论了几乎三年。但没想到,上海在短短的三年内,人口便从 400 万激增到 700万。原因很简单:内战难民。这批外地人给上海带来了难以想象巨大的治安和社会隐患,闸北、普陀、虹桥一带无数棚户区应声而起。但当时上海市是怎么做的? 无非是在《上海大都市计划》中增加改造优化棚户区的新政策而已。直到上海解放,代市长赵祖康还拿着计划书去见陈毅,要继续执行这些政策。

是什么让上海能够成为一个伟大的城市?

是无论文明跌至低点(战争),还是高度发达(今天),它都能够成为最好的避难场所与机遇之地。让更多的人聚集在一起,这就是人类发明城市的最重要的意义。

我一直在想的是,假如 1946 年的那些因为 1 600 万数字而咋舌和恐惧的人能够看到今天的上海。他们是会欣喜，还是感叹，还是自惭形秽呢？

3.2　感性生活：八卦新玩法

高颜值的人都在哪里？如何伪装成一只白富美？哪所高校的食堂最好吃？

如果说，上一节回答的是我们通常难以回答的问题，那么这一节要回答的，就是我们未曾想过可以回答的问题。

3.2.1　高颜值的人都在哪儿

一、实验参与概述

颜值地图于 2015 年 4 月 29 日晚上 8 点正式开放，获得了志愿者们的热烈支持，在此深表感谢。现在向各位志愿者汇报一下"颜值调查"实验的进一步成果及进展。截至 5 月 4 日 24 点，共有 619 位志愿者参与了活动，其中，地址和照片有效信息共 2 413 条。

总体而言，我们感觉本次实验非常成功。

从参与时间上看，29 日晚上的短短 4 个小时以内，参与人数达到峰值的 239 人，上传照片 709 张；30 日全天参与人数 217 人，共上传照片 745 张。劳动节当天仍有 169 位志愿者参加了活动，之后……大家就都出去玩了。见图 3-66。

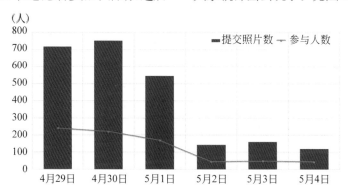

图 3-66　颜值地图参与情况

但从覆盖度上来看,结果还比较令人欣慰。其空间分布可见图 3-67。

图 3-67 颜值地图玩家分布

可以看到,我们的志愿者遍布五大洲。

从全国覆盖度来看,可以得到图 3-68。

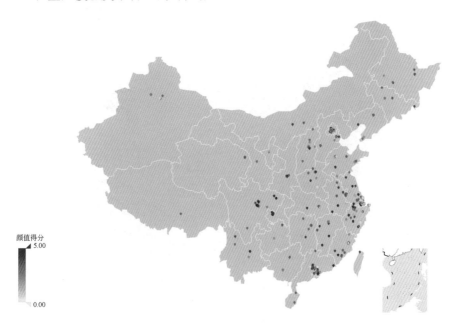

图 3-68 颜值地图玩家分布

具体来看,我国除了澳门特别行政区以外的所有省级行政区已经被志愿者们调查全部覆盖。上海、北京、广东、浙江的上传照片数多于 100 张,四川、香港、江苏超过 50 张,而在西藏和台湾只有一名志愿者。

二、实验报告的基本结论

我们在这些不完美数据的基础上,得到了以下结论。

1. 高颜值在哪里出没?

从颜值在全国的空间分布来看,河北一举夺魁,中国台湾和甘肃紧随其后(这位台湾的志愿者真是凭一己之力为全岛争光呀);湖北和山东人民就长得比较抱歉了。这似乎说明,颜值与 GDP、与是否沿海,没有什么关系啊……

至于海外的志愿者颜值垫底这一点……虽然我们很想推翻"一等美女漂洋过海"的观点给国内广大男同胞以希望,但作为一个学(bu)术(fu)严(ze)谨(ren)的团体,我们还是认为仅有的 9 位海外志愿者样本不能代表整体情况。见图 3-69。

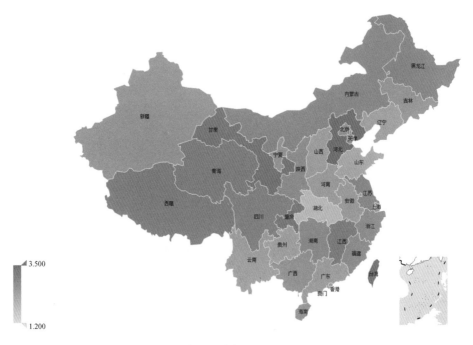

图 3-69 全国各省颜值得分的空间分布

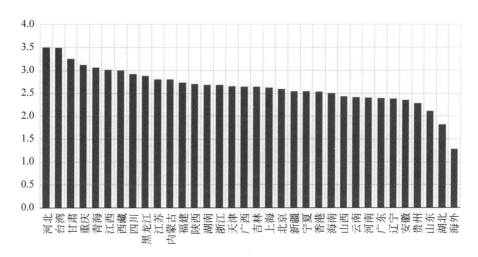

图 3-70　全国各省颜值得分

从城市角度来看，在去掉照片样本数量少于 5 的地区以后，我们选出了颜
值得分 top5 和 bottom5 的十个地级市。河北石家庄、浙江嘉兴、浙江湖州名
列三甲，山东济南和安徽蚌埠屈居队列之末，见图 3-71。

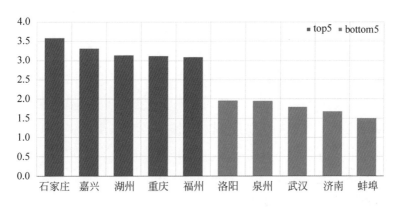

图 3-71　各市颜值 top5 & bottom5

接下来，看看上海城市内部的颜值分布（见图 3-72），大家知道去哪里找美
女帅哥了吗？简单地说，复旦－同济－财大高校群、松江大学城、临港大学城
的参与度都是较高的，高校的妹子们明显拉高了附近街道的颜值。此外，陆家
嘴也是高富帅白富美们的重要集散地哦！

既然知道了高校是高颜值人群的高频率出没地区（简称三高地区），让我

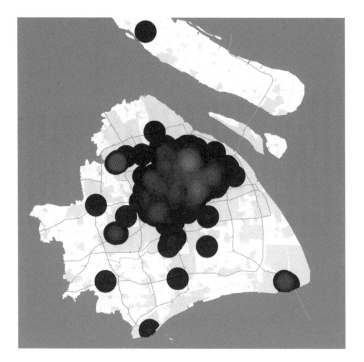

图 3-72　上海各区域颜值得分

们把镜头对准活动参与程度最高的三所高校来看看具体的分布吧。福利来了，准备蹲守美女的小伙伴，擦亮你们的眼睛(镜)吧！

先看复旦大学(见图 3-73)。

从图中可以看到，复旦的高颜值人群主要分布在研究生宿舍园区和第四教学楼(红色地区)，在光华楼和五六教自习的同学就长得比较抱歉了(绿色地带)。至于南区和东区的本科生同学，似乎并不是很关心我们的活动。你们太年轻了，还不明白这其实是一个看脸的世界呀！

再来看一下同济大学(见图 3-74)。

从图中可以看到，同济的高颜值人群集中分布在南校区和大学生活动中心(红色地区)，而在图书馆和南北楼则均匀分布着低颜值的童鞋(绿色地区)。果然好看的人都爱玩，人丑只能多读书啊！这个世界真是太 TM 残酷了。

我们再把视角切回北京，来看一下北京大学(见图 3-75)。

从图中可以看到，北大的高颜值密集地区非常明显，集中在左下角红色那一块。这里好像是宿舍区—食堂区。看来北大的美女学霸们都醉心学术，只

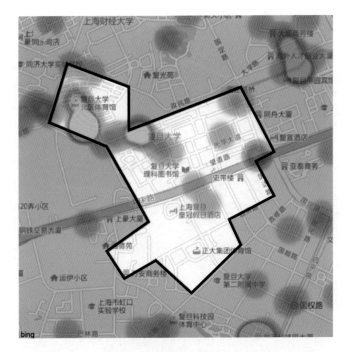

图 3-73　复旦大学颜值分布

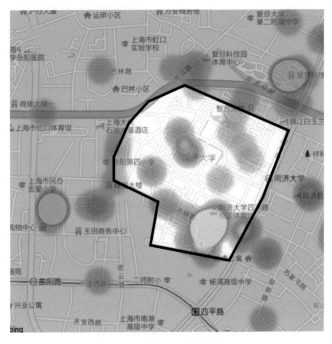

图 3-74　同济大学颜值分布

图 3-75　北京大学颜值分布

有在饭点和睡前才会偶尔拿出手机玩玩吗？至于围绕着逸夫楼的和个别院系所形成的颜值洼地（绿色地带），我们可以发现北大和同济差不多啊。

另外说一句，未名湖畔的小伙伴们，跳湖也改变不了什么。

2. 高颜值在哪个时间段出没？

准备蹲点找美女的小伙伴注意了，工作日和节假日的颜值空间分布是不同的哟。本次实验期间，4 月 29 日、30 日和 5 月 4 日为工作日，5 月 1 日—5 月 3 日为节假日，正好可以找出不同的分布规律。

从全国层面来看，工作日颜值最高的是台湾、湖南、甘肃、重庆、广西，而节假日颜值最高的则是河北、黑龙江、江西、重庆、江西。嗯，去重庆总是没错的！（见图 3-76）

从颜值的变化幅度来看，云南、湖南两个旅游大省在节假日颜值暴增，江西、河北两个工业大省则颜值大跌。这难道说明，高颜值的人节假日都去旅游了，低颜值的人则宅在家吃泡面？（见图 3-77）

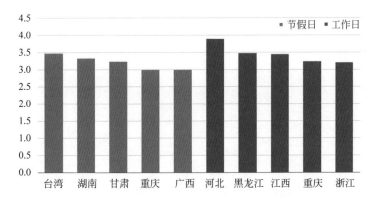

图 3-76 节假日 & 工作日全国各省颜值前五名

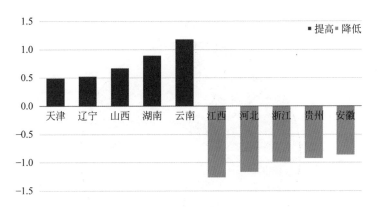

图 3-77 工作日 & 节假日各省颜值变化前五名

再具体到每个小时的话,请看图 3-78。

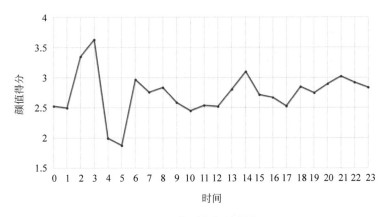

图 3-78 各时段颜值得分

可以看到凌晨 3 点是帅哥美女最为活跃的时段。至于不逛夜店也不熬夜的乖宝宝们，早上 6 点、下午 2 点和晚上 9 点也都是邂逅高颜值的好时机哟！

当然，由于样本有限且偏好明显，请大家参考以上结论时充分考虑再三思量。

但在这些不太靠谱的结论之外，我们还是有一些有趣的发现。

比如：48％的志愿者只上传了一次照片，45％上传了 2～10 张，7％的志愿者上传了 10 张以上。感谢 5 位上传照片 50 张以上的志愿者，你们的支持是我们继续做研究的动力！（见图 3-79）

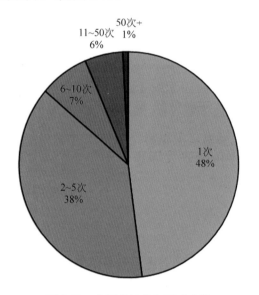

图 3-79　志愿者的参与活动次数

再比如：从所有颜值得分的总量来看，颜值得分的频数为偏正态分布。无论从志愿者个人得分还是单张照片得分的统计情况来看，3 分都是最常见的档位。从总体来看，大家的美丑分布还是比较均衡的。（见图 3-80）

我们还统计了每一个志愿者发布第一张照片的颜值得分与其参加活动总次数的关系，结果显示了得分高低的显著激励作用。请看图 3-81。

总体而言，由图 3-81 中可以看到，第一张照片得到的分数越高，志愿者就越乐意继续参与活动，拍摄上传更多的照片。

然而，在此我们还要特别鸣谢那些颜值得分总是为 0 分但仍然坚持参与

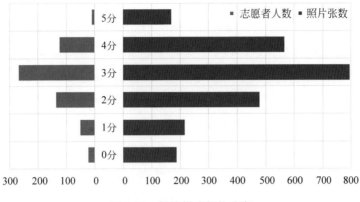

图 3-80　颜值得分频数分布

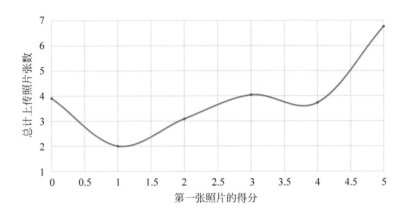

图 3-81　第一张照片得分对参与活动积极性的影响

的小伙伴们,敢于自黑自嘲永不气馁并乐在其中的人都是真正自信的人。没错,爱拼才会赢。

3.2.2　中国正在二次元化吗

　　"二次元"是指 ACG(Animation 动画、Comic 漫画、Game 游戏)文化中对虚构世界的一种称呼。由于早期 ACG 都是以二维图像构成,所以被称为"二次元世界",简称"二次元";而与之相对的是"三次元",即"我们所存在的这个次元",也就是现实世界。二次元爱好者一般指动漫爱好者和游戏爱好者。

——整理自百度百科

那么，二次元爱好者都是什么人呢？

引用中国 2013 年度《ACG 爱好者匿名社会调查》的公开数据，我们的分析从性别、年龄和社会角色这几个方面着手。

在被调查的样本中，二次元爱好者男女比例为 56：44，男女比例十分和谐，看来二次元对于爱好者的覆盖在性别比上差异较小。

从年龄上看呢？19～24 岁的大学生群体占据了接近 60% 的比例。而中小学生占比约 24%，比 25～30 岁的青年人比例高出近 10%。而 31～35 岁的二次元爱好者比例已经下降到了 1.2%，在年龄结构上呈现明显的纺锤体形态。

那么，根据年龄特征，二次元爱好者的社会角色也非常鲜明：全日制学生占据了绝大多数，但值得注意的是：有 30% 的二次元爱好者已经进入了三次元的世界了。

从图 3-82 可以清晰地看到以上结论。

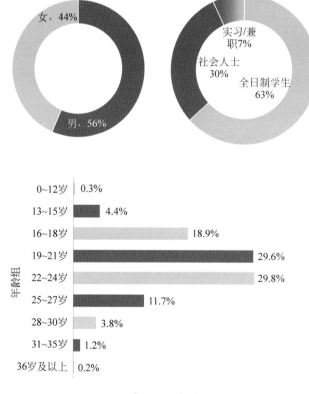

图 3-82　二次元爱好者性别年龄分布

在有了初步的二次元爱好者印象之后，我们就可以开始认真地挖掘他们的特点了。

总的来看，二次元爱好者有以下四个基本特征。

第一个基本特征：单身。

二次元爱好者婚恋情况分布见图 3-83。

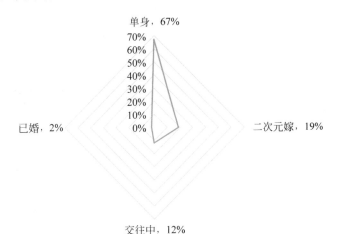

图 3-83　二次元爱好者婚恋情况分布

从统计数据中可以看到，如果"二次元嫁"也算恋人的话，二次元爱好者中的单身狗比例不过只有 67％而已，考虑到爱好者的年龄结构的话，这个结果还是不错的。

但假如只考虑三次元世界的活的恋人的话，二次元爱好者的单身比例瞬间升至 86％。

第二个基本特征：年纪越大越能花钱。

虽然有 19％的爱好者恋爱对象是二次元的，但爱 TA 就要为 TA 花钱对不对！那么，我们来看看二次元爱好者一年都要在 ACG 领域花多少钱呢？请看图 3-84。

总体消费金额的分布还是较为平均的，没有任何一个组类占据绝大多数，这说明二次元爱好者中在 ACG 方面消费能力参差不齐。

但假如我们将其消费能力和年龄分组做一个交叉，就可以看到明显的规律了，请看图 3-85。

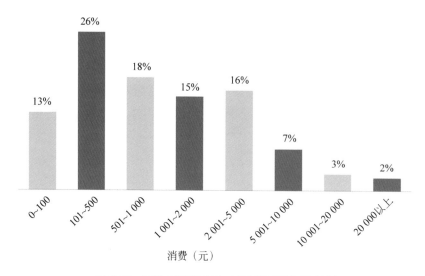

图 3-84　二次元爱好者在 ACG 领域的年消费额

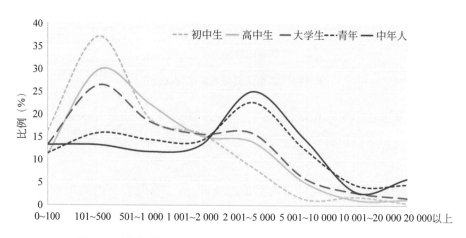

图 3-85　各年龄组二次元爱好者在 ACG 领域的年消费额分布

我们将爱好者按照年龄合并为五组：初中生 13～15 岁、高中生 16～18 岁、大学生 19～24 岁、青年 25～30 岁、中年人 30 岁＋。立刻可以看到：

人均消费和年龄成正比！大多数中小学生一年在 ACG 领域的消费不超过 1 000 元，而 50％的中年人年花费达到 2 000 元以上！

看到没，虽然中年人（30 岁＋群体）在二次元爱好者中的总量占比较小，也经常遭到年轻爱好者的嘲弄和轻视。但他们依然很重要，很有可能就是因为他们用钱投票，才能支撑起了中国的 ACG 产业啊。

第三个基本特征：热衷参展活动。

虽然"宅"似乎已经被公众默认为二次元爱好者的天然标签，但数据告诉我们，在某些时候，他们非常热衷于线下活动，请看图 3-86。

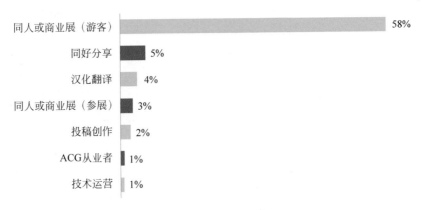

图 3-86　二次元爱好者的 ACG 活动参与情况

58％的二次元爱好者都有作为游客参加 ACG 同人或商业展的经历。该比例简直甩别的选项一条街。而且，学生群体较非学生群体的参与度来说要高出较多的量级，请看图 3-87。

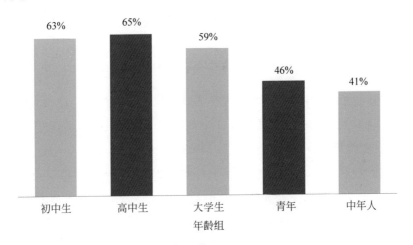

图 3-87　不同年龄组二次元爱好者参加 ACG 同人或商业展的人数比例

看来年轻的人虽然在花钱方面显得稍微穷一点，但在行动上却更不"宅"。

第四个基本特征：线上活动总在深夜。

我们看到了二次元爱好者在线下活动的特征，那么在线上呢？

为了深入进行线上分析，我们不得不调用新的数据源了。我们从合作者那里抽样出了 20 万台上海移动智能设备，重整选出典型的 ACG 偏好者，标签包括但不局限于：动漫、漫画、动作竞技、角色扮演、网络游戏、DOTA-LOL 等。然后，我们又筛选出以上二次元标签强度大于一般平均值 2 倍的样本，约 1.4 万台，并将这些移动智能设备的使用者也界定为二次元爱好者。

然后，我们统计出这 1.4 万台移动智能设备的使用强度，并与 20 万台移动智能设备在活跃时间上进行对比，画出图 3-88。

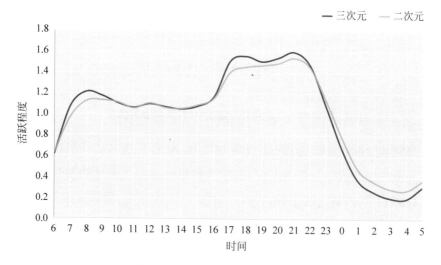

图 3-88　二次元/三次元活跃时间

从整体趋势上看，两个次元的人在活跃趋势上是一致的。在白天（8:00～17:00），人们的活跃程度高度稳定。17:00 后（下班？下课？），活跃度一跃增加 40%，并一直维持到晚 9 点。而超过一半的人在晚上 12 点已经入睡。

但细致观察的话，二次元与三次元人类还是有较为明显的差别的：

早上 7:00～9:00，三次元普通人陆续起床，而二次元爱好者似乎还在昏睡当中。终于，在上午 10 点钟时，陆续觉醒的二次元爱好者终于奋起直追并与三次元人类活跃度持平，这种和谐局面将一直持续到下午 4 点左右。17:00～22:00，三次元人类的活跃程度再次领先于二次元爱好者。但不要紧，在 11 点过后的半夜，二次元爱好者的时刻才终于到来，他们在活跃度上对三次元人类实现了毫不留情的碾压式的反超，这个优势一直可以持续到早上 6 点。

这充分证明了一个定律：虽然在分配时间略有差异，但二次元和三次元人类每天的活跃能量总体守恒。

在总结完二次元爱好者的四大特征后，我们不妨从国家与城市的视角，更宏观地讨论一下这个深刻的二次元主题。

二次元爱好者们，在深深的夜里亮着灯的你们，都在哪里？

我们根据《ACG 爱好者匿名社会调查》提供的爱好者所在地，画出图 3-89。

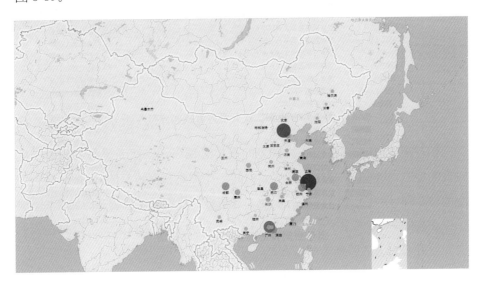

图 3-89　全国 ACG 爱好者所在城市分布

可以看到，二次元爱好者数量位居前三名的城市依次是：上海、北京、广州。但在聚集度上而言，长三角和珠三角的聚集度远高于内陆地区，甚至高于京津冀地区。

那么就先以第一名上海为例吧，我们来仔细看看在夜间，二次元爱好者都分布在上海的哪里？

我们用前文提到的移动智能设备的夜间活跃地址的绝对密度（左）和相对密度（右）数据画出图 3-90。其中，相对密度是指二次元爱好者相对于三次元普通人的密度，颜色为深绿的地方表示二次元爱好者密度大。

从绝对密度来看，市中心＞新城＞其他地区，这个规律不用说大家也知道吧……但再看相对密度的话，非常明显，市中心一下就变白了。

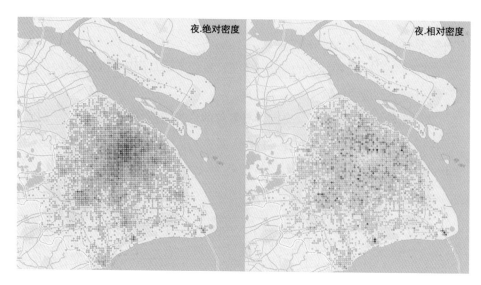

图 3-90　上海二次元爱好者夜间分布

　　相对密度图中，以市中心为代表的灰白区域表示二次元爱好者相对密度较低的地方，我们不妨称之为三次元空间。而相对密度较高的，则是环绕市中心的一个环，以及上海各高校所在地。这些地区我们可以称为二次元空间。

　　在夜间，上海的二次元和三次元空间泾渭分明，那么白天呢？请看这张二次元爱好者白天活跃地址的密度图，见图 3-91。

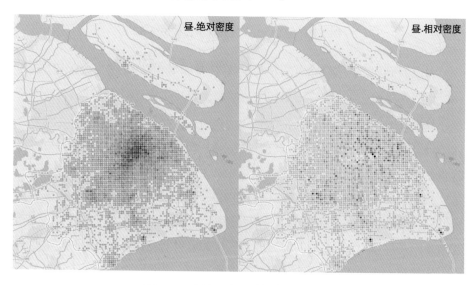

图 3-91　上海二次元爱好者昼间分布

我们欣喜地发现,二次元和三次元空间发生了变化!

从绝对密度来看,市中心绿色的范围变小了,颜色也更深;而从相对密度来看,夜间的二次元环状空间消失了,市中心尤其是陆家嘴地区斑驳地出现了深色的点。

是的,二次元爱好者们移动了。与夜间相比,二次元爱好者在白天的分布更加极化。虽然各个高校在白天依然保持着二次元的绿色,但住在市中心以外的二次元爱好者们,都不约而同地移向了三次元空间,并把上海的市中心逐渐染成绿色。(需要特别指出的是,市中心之外的著名 IT 人群集聚地张江,也很绿。)

严肃地说,上海的二次元爱好者们的空间特征并不表现为宅在家中或学校,很可能意味着他们已经成为社会的中坚力量。

当然,以上这些研究,也都只是二次元爱好者的日常。那么,在日常之外呢? 我们把最后一个问题留给我国 ACG 界的节日:

中国国际数码互动娱乐展览会(简称 ChinaJoy)

既然前文的分析已经提到,58%的二次元爱好者有参加 ACG 同人或商业展览的经历。那么,当 CJ 来临,二次元爱好者们是不是会第一时间赶往 CJ 会场呢?

这里,我们用某打车软件提供的一组交通数据来回答一下这个问题。

首先我们通过空间算法,找出 2015 年 7 月 30 日—8 月 2 日上海 ChinaJoy(以下简称 CJ)期间在会场区域(上海新国际博览中心)附近打车的人。可以看到以下一系列结果。

1. 人数

打车样本总数约 9 000 个。其中,打车来的远比打车走的多。这个可以理解,来时心痒难耐,去时依依不舍。或者说,走的时候已经打不到车了……

ChinaJoy 期间打车人数见图 3-92。

2. 时间

总体来看打车来会场的人逐日递减,第一天(周四)打车来的人最多,第四天(周日)最少。ChinaJoy 期间分小时会场打车人数见图 3-93。

这虽然符合"第一时间赶往会场"的假设,却与事实不符(事实是,后两天参加 CJ 的游客数量比前两天多)。之所以产生这种矛盾,可能是因为周日不

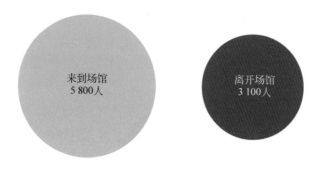

图 3-92　ChinaJoy 期间打车人数

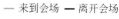

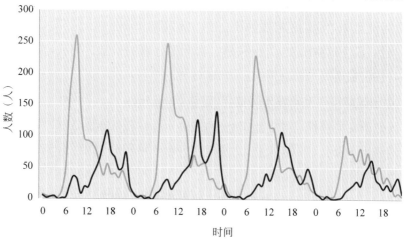

图 3-93　ChinaJoy 期间分小时会场打车人数

太好打车吧。

　　而从打车的钟点来看，9 点是打车的绝对高峰。二次元爱好者们果然是一开馆就狂奔而去的呢！

　　然而还是晚了……坦白交代你们都排了多久的队！

3. 来源地与目的地

　　这些打车的小伙伴都是从哪奔赴会场，看完展览又到哪去了？我们先来看看两张 OD 图（见图 3-94）。

　　总体而言，打车遵循"就近"原则，很少有打车的目的地超出中环之外，大部分目的地都分布在会场附近或市中心；而离开会场的人大致遵从同样的规

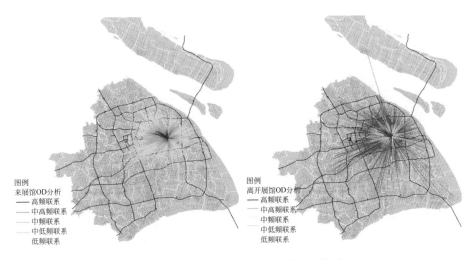

图例
来展馆OD分析
——— 高频联系
——— 中高频联系
——— 中频联系
——— 中低频联系
　　低频联系

图例
离开展馆OD分析
——— 高频联系
——— 中高频联系
——— 中频联系
——— 中低频联系
　　低频联系

图 3-94　ChinaJoy 期间会场打车 OD 线路

律，当然也有少数人刚刚离开展厅就直奔机场和火车站。

接下来，从打车目的地的集聚度来看，可以得到图 3-95。

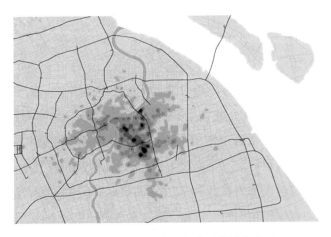

图 3-95　ChinaJoy 期间打车目的地热力图

可以看到：90％打车过来的人都来自于会场附近，我们用空间算法去一一对照了这些深色的打车聚集点，得到的地理信息分别是：

喜来登酒店、温登姆酒店、证大丽笙酒店、华美达酒店、星河湾酒店……

难道二次元人类来参加一个集会已经如此不计成本了吗？这些都是典型的三次元空间啊！

我想了想，大部分打车过来的人都很有可能是参展公司的三次元员工吧。那么问题又来了，既然打车的主要是三次元，那么上海真正的二次元爱好者又在哪里呢？

答案是，他们都挤在前往会场的公交车和地铁上啊！

写在最后的话：

虽然我们通过抽样研究看到了二次元爱好者的各种特征，但仍有一个非常重要的问题尚未解答：

全国究竟有多少二次元爱好者呢？

假如按照我们在智能设备上的抽样比例和筛选标准来不负责任地推算的话，上海大概有 150 万二次元爱好者。而全中国大概有 9 280 万二次元爱好者。

也许这个推算完全不靠谱，但是有一个靠谱的数据是：在 2015 年的今日中国，按照全国年龄中位数 35 岁计算的话，我国 13 亿人口中恰好有一半人是出生于 1980 年之后的，这里不但包括了所谓的"80 后"，同时也包括了"90 后""00 后"乃至"10 后"。

一般而言，ACG 的中国原住民（典型二次元）正是产生于这样一个时点之后，而未来将伴随着代际的更替，很可能越演越烈。

所以，我想说的是：这个世界是三次元的，也是二次元的，但归根到底终究是二次元的。在不少主流精英还以为二次元是某种方程解法的误解下，在主流媒体还在凭借自己的意愿拒绝接受各种 ACG 渠道的情况下，在大家还不清楚也不曾想到这奇特的二次元文化究竟会对社会产生何种影响的情况下，很可能我们的时代早已不可逆转地走向二次元化了。

3.2.3 如何像白富美一样生活

白富美们都在哪里，她们过着怎样的生活？

对于普通人而言，这是一个津津乐道的话题。而在本次研究中，我们将用大数据的方法来揭示她们谜样的生活。

而这个故事，却是从学姐和我的一段对话开始的。

学姐决定做一个独立自主的新女性了。

她说：虽然我肤白貌美，智情商双高，男友们趋之若鹜前仆后继，但依靠他们总归不是长久之计。我认为还是要通过自身努力，才能成为真正的万中无一的白富美。

但问题是，真正的白富美是什么样的呢？我必须设定一个明确的目标，才有努力的方向啊。小团，不如你帮我分析一下吧？

好的。我们来做一组简单的计算吧。

假设白富美的年龄区间是 20～39 岁。

根据 2010 年第六次人口普查数据，通过人口模型可以推算得出 2015 年处于 20～39 岁年龄段的女性人口大约有 2.2 亿。

既然学姐矢志做一名"万中无一"的白富美，那么我们的抽样比例必须小于 0.1‰才行。

于是我采用了 0.05‰的抽样比例（两万里挑一，这下应该算是万中无一了吧），通过银联智惠研究院提供的人群相关统计数据进行排名，选出了前 0.05‰，取整共计 4 万名，作为学姐梦想中的白富美样本。

这 4 万名白富美在全国的空间分布见图 3-96。

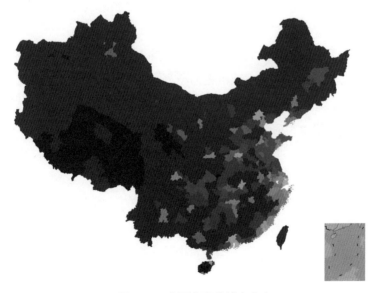

图 3-96　全国白富美城市分布

图 3-96 中，越偏绿色的区域表示白富美数量越多，越偏蓝色的区域表示白富美数量越少。

总体而言，白富美们集中性地生活在全国东南沿海地区以及各个省会城市中。而其具体数量分布，可见表 3-10。

表 3-10　全国白富美城市分布 top10

国内城市	人数	国内城市	白富美比例（%）
北京市	3 506	厦门市	1.5
上海市	3 216	昆明市	1.1
深圳市	2 441	乌鲁木齐市	1.1
广州市	1 764	石狮市	1.1
郑州市	1 540	银川市	1
厦门市	1 289	瑞丽市	1
香港特别行政区	1 244	郑州市	0.9
杭州市	1 123	北京市	0.9
武汉市	1 118	深圳市	0.8
长沙市	879	贵阳市	0.8

从人数上看，毫无悬念，北上广是白富美高发区。在全国 4 万名白富美中，有大约 3 500 名分布在排名第一的北京，而上海则屈居第二，大约有 3 200 名。深广分列三四名，而郑州则在各大省会城市中名列前茅，包揽了约 1 500 名白富美。

但我们必须清醒地认识到，数量只是一方面。从白富美的产生概率来看，大城市的白富美指标竞争比小城市更为激烈。用"某城市的白富美人数/该城市 20～39 岁的女性常住人口数量"的指标来衡量白富美产生概率的话，厦门、昆明和乌鲁木齐包揽了前三，其中冠军城市厦门每 1 000 名适龄女性中有 1.5 名白富美；而相比之下，上海的 1 000 名适龄女性中仅有 0.8 名白富美。但比起"万中无一"的标准，其实已经高出不少，竞争压力也不算小。

那么，要成为这样的白富美的话，要达到怎样的消费水平呢？简单统计一下即知：

要成为一名"万中无一"的白富美，需要月刷卡消费频率 10 次以上，且月消费金额达到 5 万元人民币以上。

在达到这个水平时，你就打败了上海 99.92% 的同龄女性，共计 408.9 万人,同时也打败了全国 99.98% 的同龄女性,共计 2.29 亿人。

学姐,你的目标完全被量化了,去努力地刷卡吧!

问题解决了,没想到这么简单。哈哈。

我正要转身离开,然而学姐忽然拉住了我。

她说:小团啊,每月刷掉 5 万元,没问题。问题在于谁来帮我还呢? 寻找还卡人的道路注定是漫长且曲折,我已经做好了充分的准备。那么,在我寻找他的过程中,有没有什么成本比较低的办法让我先变得和这些白富美差不多呢? 换句话说:

在消费水平力未达到的情况下,要怎样才能少花钱地在上海伪装成一名万众无一的白富美呢?

我看着学姐真诚询问的眼神,被她的执着打动了。于是就有了下面这样一份详细的计划书。在把这份计划书发送给学姐的同时,也拿出来和大家分享一下。

廉价高效的"万中无一的白富美"伪装计划书

该计划包括以下四个模块。

1. 晒豪宅模块

毋庸置疑,豪宅是白富美的标配。但问题在于,豪宅需要"豪"到什么水平呢? 只有当我们确定了"豪"的水平,才能够更合理地评估相应的成本。

可以统计得出:常住在上海的 3 200 名白富美的住宅平均估值约为 750 万元人民币(顺便一提,北京的白富美的住宅平均估值为 760 万元,上海性价比略高)。

上海豪宅分布见图 3-97。

还挺多的。我大上海价格超过 750 万元的小区比比皆是,白富美们就散落其间。

假如要伪装白富美,无论如何得入住这样的一套小区吧。虽然学姐一栋也买不起。但是可以租。没错,租个豪宅,没事邀请三五好友来家里开 party,鼓励大家分享朋友圈,一传十十传百,白富美的名声很快就能传播在外了。

实现这样一个模块功能,其伪装成本是多少呢?

我们大概查询一下租房网站就可以得知:在上海价值 750 万元以上的豪

图例

上海房价

· 750万元以上

图 3-97   上海豪宅分布

宅中,提供对外出租,且环境还可以的,租金大约 16 000 元/月。一年租金总计约 19 万元。当然,假如你住的时候少用水少用电,物业费欠着不交的话,估计每年 20 万元即可以搞定。

2. 晒豪车模块

作为一名万里无一的白富美,其座驾的价值应该是多少才合理呢?

可以统计得知:经常出没在上海的 3 500 名白富美的车辆平均估值约为 76 万元人民币(北京白富美的大约是 80 万元,上海白富美果然勤俭节约)。

假如要伪装成一名白富美,总得拥有一辆这个档次的座驾吧。当然,学姐是买不起这么奢侈的车子的。但是可以租。租一辆豪车,经常带朋友开出去兜兜风,同时一定要鼓励大家分享朋友圈,一传十十传百,白富美的名声很快就风生水起了。

那么,实现这样一个模块功能,其伪装成本是多少呢?

一般而言,豪车并不特别容易租到,尤其很难长年租用。不过不要紧,短租更好更省钱。一般而言,车辆的日租价约等于车价×2‰。那么,假设租一辆价值 76 万元的车辆,每周约会用车 2 次,则一年用车约 104 天,成本总计 16 万元。当然,假如你租车带朋友兜风时卖卖萌蹭个油费,同时开车小心点不被开罚单的话,估计每年 17 万元就可以搞定。

3. 晒出游模块

假如白富美们都是宅女的话,那么伪装她们就省钱多了。但事实上并非如此。

从消费数据来看,白富美们还是很爱去玩的。当然,内地显然没有什么好玩的了,至少也得是港澳台吧。

我们统计了这 4 万名白富美在过去一年内(2014.7—2015.6)的境外旅游和消费情况,发现其中 22% 的白富美有出国经历,而 33% 的白富美有出国或前往港澳台的经历。

那么,在过去的一年里,这些白富美们都去了哪里呢?看图便知(圆圈越大表示人数越多),见图 3-98。

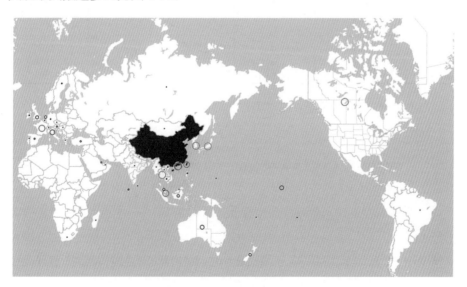

图 3-98　白富美出境游目的地分布

从目的地来看,中国白富美与亚洲的联系较为密切:中国香港最受欢迎,日本、韩国紧随其后;欧美国家中最受欢迎的是加拿大。(注:未统计美国数据)

我们可以稍微比较一下京沪白富美的境外消费目的地。从表 3-11 可以看出：两座城市的白富美的选择总的来说是高度一致的，仅在韩国和日本的排序上存在差异。这是邻近原则吗，还是说北京的白富美对自己的长相更有追求？

表 3-11　白富美出境游目的地前十名

北京			上海		
国家/地区	人数比例（%）	平均停留天数	国家/地区	人数比例（%）	平均停留天数
中国香港	28	3	中国香港	25	2
加拿大	15	2	加拿大	15	2
韩国	14	3	韩国	15	4
日本	11	3	日本	11	3
中国澳门	9	2	中国澳门	8	2
法国	5	4	法国	5	3
新加坡	5	3	新加坡	4	2
泰国	5	2	泰国	4	2
中国台湾	3	3	中国台湾	4	3
意大利	3	3	意大利	2	4

先不讨论这个，问题是：白富美们每年要去这么多国家，该怎么安排行程呢？见图 3-99。

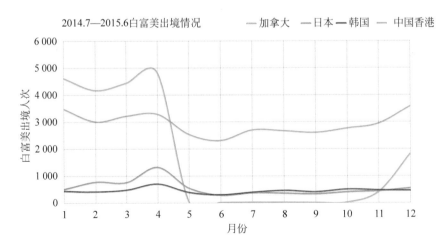

图 3-99　2014.7—2015.6 白富美出境情况

从白富美境外消费的时间来看,一个标准的行程是:凛冬已至就去加拿大滑滑雪,春暖花开去日本欣赏樱花,再顺道去韩国购买化妆品,其他时间就到中国香港多转转。

因此,假如要伪装一名白富美,总得安排一些类似的行程吧。当然,学姐是没有时间和金钱去那么多地方的。但是可以 PS 啊。装一个 PS 软件,一到旅游高峰期,就把手机调成免打扰,窝在租来的豪宅里不出门,算准时差在朋友圈发个照片说:呀,玩了一天才发现忘记开通国际漫游了。一传十十传百,白富美的名声很快就又能广为流传了。

那么,实现这样一个模块功能,其伪装成本是多少呢?

盗版 PS 软件+网上免费教程+不出门期间的外卖费用。100 元应该可以搞定。

4. 晒日常模块

比起晒房晒车晒出游之外,其实日常生活和消费的细节更能体现出一名万中无一的白富美的身份和气质。

那么,白富美们平时都在消费什么呢? 请看图 3-100。

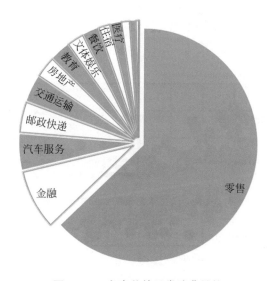

图 3-100　白富美的日常消费结构

从白富美的日常消费结构来看,零售,俗称买买买,就是白富美生活的重心。毫无疑问。

据统计：全国 4 万名白富美的人均消费约为 40 万元/年,介于北京 3 500
名高富美消费的 34 万元/年和上海 3 200 名白富美消费的 59 万元/年之间。
虽然上海白富美在房车消费上均弱于北京,但在日常购物这一项目中,终于迎
头赶上。

因此,假如要伪装一名白富美,尤其在上海,必须一掷千金购物才行啊。
当然,学姐还没找到帮她还信用卡的人,来支持她购物的决心。但是可以拍
照啊。

等一下！问题来了,城市那么大,要去哪里拍呢？总不能对着天安门或者
东方明珠狂拍吧？

因此,我们还必须要知道,白富美都是在城市的哪些地方购物的呢？

看图便知(圆圈越大表示在该处高频消费的白富美比例越大,颜色越深表
示人均消费次数越多),见图 3-101。

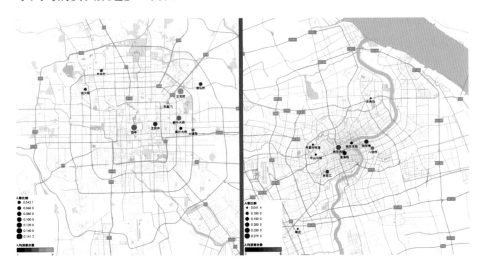

图 3-101 白富美常去的购物中心分布

从白富美高频消费的商圈来看,北京的白富美对"去哪里购物"这个问题
并没有很好地达成共识,分布相对较散。但总体而言分布在城东地区。而上
海的白富美们相对团结一致。其中超过五分之一的上海白富美都认可南京西
路和陆家嘴,尽管人均消费次数最多是 800 元。

然而,只是商圈的话,拍出来的照片仍然缺乏细节,拍大马路还是体现不
出来白富美的消费能力啊。想伪装得更像一点的话,我们必须看一下白富美

们都购买了些什么呢？

让我们来看看过去一年时间内京沪两地白富美消费频率最高的商户 top10 见表 3-12。

表 3-12　白富美常去的购物中心

北京	人数比例（%）	平均消费次数(次)	上海	人数比例（%）	平均消费次数(次)
华联新光百货	24	13	星巴克	30	16
华联精品超市	12	9	久光百货	13	7
星巴克	11	11	沃歌斯餐饮	9	9
华联综合超市	10	7	全家便利店	9	5
华联超级市场	8	7	日上免税行	9	5
家乐福	7	6	苹果公司	8	25
中石化	7	6	第一八佰伴	8	11
苹果公司	7	4	伊势丹百货	8	10
CostaCoffee	7	6	CostaCoffee	7	6
新燕莎铜锣湾	6	12	携程旅行网	6	10

总的来说，北京的白富美生态位极广，上至高档百货，下至平价超市，喝得起咖啡扛得动汽油。而热爱星巴克的 3 200 名上海白富美……请问你们在苹果公司的 25 次消费都购买了什么呢？

但无论如何，拍什么照片分享朋友圈，似乎答案已经非常明确了。但要更精确地伪装成一名白富美，知道了这些还不够。我们再来增加一些可信度。

于是我们最后再来看看白富美们高频消费的时间，见图 3-102。

所以，白富美的一天应该是这样的：一觉睡到自然醒，九点开始买买买，一直买到下午三点，吃下午茶休息，养精蓄锐晚上再买。

因此，实现"晒日常"这样一个模块功能，其中重点在于拍照的商圈地点、拍照的重点门店以及发朋友圈的时间。仅此而已，成本终于被压缩到了 0 元。

总结一下，在上海伪装成一名万中无一的白富美，你所需要花费的成本是：

每年 37 万元，和一个拍照功能强大的手机。仅此而已。

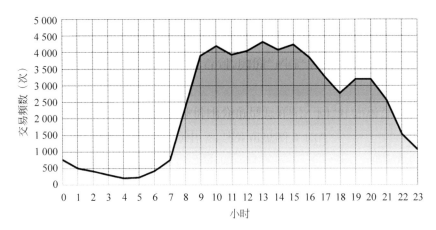

图 3-102　上海白富美交易频数的时间分布

3.2.4　长三角城市那些不得不说的八卦

先是黄晓明杨颖大婚，后是"双 11"佳节将至。

朋友说："去凑个热闹呗？就在上海展览中心，感受下娱乐圈的光鲜如何？"

而我却犹豫了："坐地铁要半个小时呢。"

朋友说："半个小时算什么！知道吗，你单身就是因为宅！"

我的小心脏震动了一下，但立刻自我安慰说："娱乐圈那么乱，没什么好看的。我宅故我在，oh yeah～"

对了，除了单身狗以外，我还有另一个身份，城市研究者。

我觉得我有必要知道，和我朝夕相处的城市们，你们宅吗，你们单身吗，你们过得好吗？

正好有这么一组数据：长三角地区（含上海、江苏、浙江和安徽东部）80 万台移动设备在过去一年（2014.7—2015.6）的 LBS 数据。

我将设备出现频次最多的城市定义为"主城市"，即设备持有者常住的城市；将设备出现过的其他城市定义为"副城市"，即设备持有者在过去一年中去过的城市。通过计算主城市与副城市之间的联系度，似乎可以描摹出长三角城市群的性格与情感。

首先，当然要看看哪些城市最宅。

有人说,足不出户才叫宅,出了门就已经是很大的进步了——那好吧,我们姑且将不爱外出活动的这种属性称为恋家吧。

于是我们来看看,哪座城市最"恋家"呢?

我们定义了"恋家"指数:

I_{ij} ＝本市居民在本省内的活跃度/本市居民的总活跃度

其中,活跃度指的是该城市居民的移动设备被记录下来的信息条数。

长三角城市的"恋家"指数见图 3-103(颜色越深表示"恋家"指数越高)。

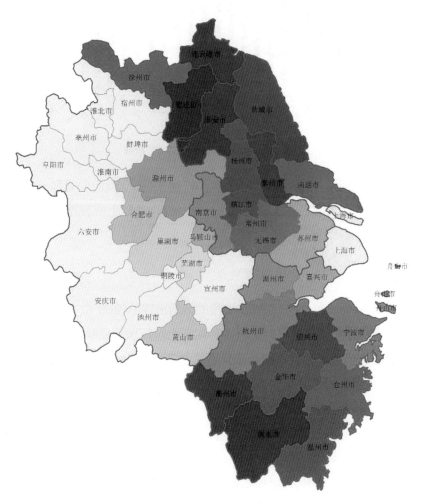

图 3-103　长三角"恋家"指数空间分布

从省一级的数据来看,江苏和浙江的"恋家"指数都在 71％左右,高于上海和安徽。

在江浙地区，似乎离上海越远的城市，人们越"恋家"。

而在安徽，大家都很喜欢往外跑。

再来看看具体每个城市的"恋家"指数，见图 3-104。

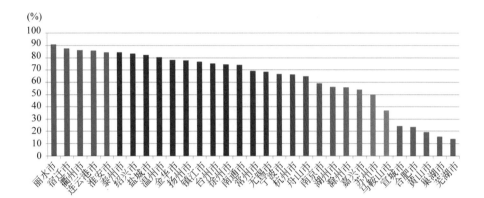

图 3-104 长三角各城市"恋家"指数

可以看到，丽水、宿迁和衢州位居"恋家"城市前三甲，而安徽则包揽了"最不恋家"城市的前五名。几大省会城市在"恋家"排行榜上都表现得中规中矩。

如果人们离开了家，都是到哪里去了呢？

换句话说，长三角最受欢迎的城市是哪些呢？

我们定义了受欢迎指数：

$$I_{\text{favor}} = 以城市\ i\ 为目的地的出现总频次$$

长三角城市的受欢迎指数见图 3-105（颜色越深表示受欢迎指数越高）。

很明显，上海、南京、杭州、合肥作为直辖市和省会城市，受欢迎程度都非常高，一些地级市的表现也非常抢眼。

长三角各城市受欢迎指数见图 3-106。

具体而言，受欢迎指数的城市排名为苏州＞杭州＞上海＞南京＞无锡＞合肥＞常州＞宁波＞嘉兴＞扬州。

这可能是因为苏州、杭州都是著名的旅游城市，环境优美。

如果城市 A 受到城市 B 的欢迎，城市 B 也受到城市 A 的欢迎，会是什么情况呢？

说了那么多，不就是相亲相爱嘛！

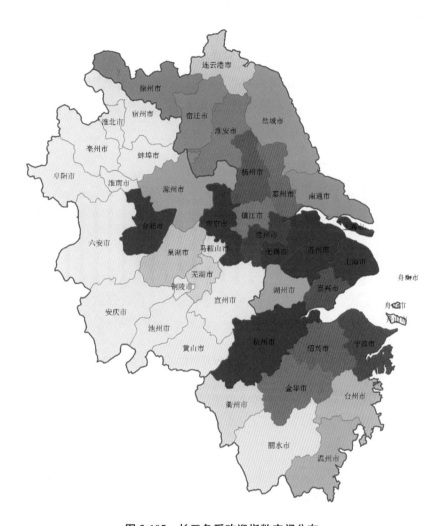

图 3-105　长三角受欢迎指数空间分布

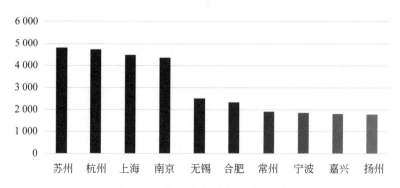

图 3-106　长三角各城市受欢迎指数

我们定义了相亲相爱指数：

$I_{xqxa} =$ 城市 A 的居民在城市 B 的活跃度 / 城市 B 的居民在城市 A 的活跃度

相亲相爱指数越接近 1，则说明两个城市之间越是相亲相爱（我们删去了相互间活跃度过低的样本，尽量保证两个城市是真的相亲相爱而不是横眉冷对，见图 3-107）。

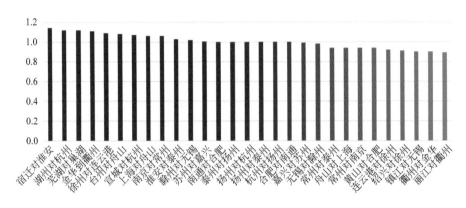

图 3-107　长三角各城市相亲相爱指数（接近 1 的城市组合）

如图 3-107 所示，这样的组合还挺多的。其中，相亲相爱指数正好等于 1 的模范组合包括：滁州对无锡、苏州对嘉兴、南通对合肥、泰州对扬州、扬州对杭州。

恭喜以上五对"新人"，散花！

且慢，扬州是不是出现了两次啊？

这是什么情况呢？

看来，我们必须分析一下各个城市的"专一"和"花心"程度了。

我们定义了"专一"指数：

$I_{zy} =$ 城市 A 的居民在长三角其他地区的活跃程度的百分比经标准化处理后的标准差

这个公式有些绕口。总而言之，一个城市的"专一"指数越高，说明城市越"专一"；越低，则说明越"花心"。图 3-108 就是长三角城市的"专一"指数分布图（颜色越深表示越"专一"，颜色越浅表示越"花心"）。

简单地说就是，"花心"的多是长三角地区相对发达的城市，而"专一"的多是发达城市周边的相对发展较弱的城市。

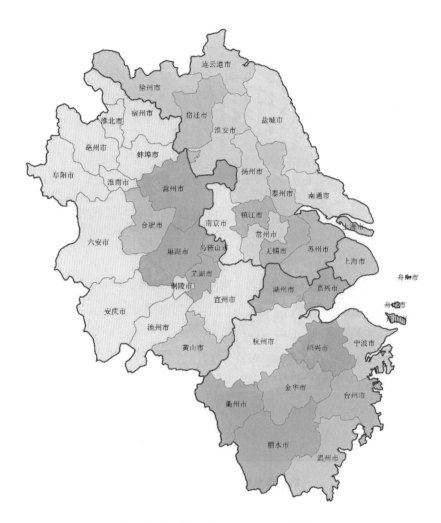

图 3-108　长三角"专一"指数空间分布

当然也有特例,比如并不是很"花心"的上海,和突然认真起来的苏北。

再来看看城市的总体排名,见图 3-109。

城市整体而言,"专一"度最高的分别是巢湖、绍兴和衢州,它们"一往情深"的对象分别是合肥、杭州和……还是杭州。

看看,杭州虽然在整个长三角的受欢迎程度比苏州稍逊一筹,倒是有很多深情的追随者。

看完"专一"的模范城市,我们还必须把那些"花心"的城市(图 3-109 中排名靠右的城市)抓出来看看。

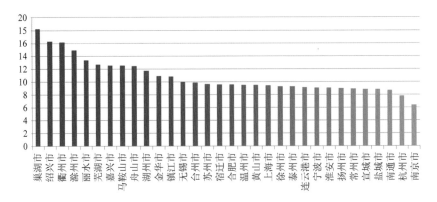

图 3-109　长三角各城市"专一"指数

我们发现，在"花心"排行榜上，扬州只排到了第七。

而真正"花心"的城市前三甲为：南京、杭州、南通。

其中，被南京觊觎的城市包括镇江、上海、苏州等。

被杭州觊觎的城市包括嘉兴、上海、绍兴等。

被南通觊觎的城市包括苏州、上海、泰州等。

上海出现了三次？

然而，上海的"花心"程度并不是很高，也就是说：

这些城市对上海很可能是"单相思"，而且是不怎么"专一"的"单相思"。

为了研究这个问题，我们还是使用相亲相爱指数，对该指数进行量化处理。该指数越接近 100，则单相思程度越高。

于是我们得到图 3-110。

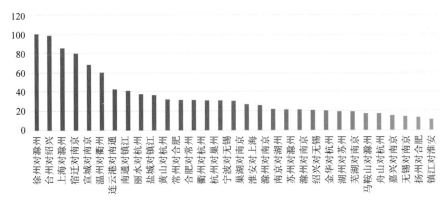

图 3-110　长三角各城市"单相思"指数

南京对上海神马的,果然排名很靠后,后得都进不了我的图。

真正一往情深的,是徐州对滁州、台州对绍兴、上海对滁州。

没想到,上海竟然对滁州······

那么,滁州与长三角各城市的联系度,请看图 3-111。

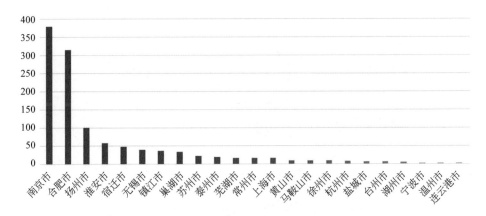

图 3-111　滁州与长三角各城市的联系度

可以看到,滁州最喜欢的是隔壁省的南京,其次是本家的省会合肥。

至于上海和徐州······分别排在了第 13 位和第 16 位。

请允许我做一个悲伤的表情。

最后,我们必须要问了:

滁州是个什么地方?

百度百科是这么写的:滁州,简称滁,是安徽省省辖市,地处长江下游北岸,长江三角洲西端,安徽省东部,苏皖交汇地区。

好吧,我知道你还是没有概念,但你一定知道欧阳修的《醉翁亭记》:

"环滁皆山也。"

我看着这些结果,只能无奈地说:"贵圈真乱······"

外面的世界虽然很大很精彩,但我还是做一个安静的宅女子吧。

长三角城市联系度见图 3-112。

3.2.5　上海哪所高校的吃货最幸福

上海高校间的明争暗斗从未停止过。

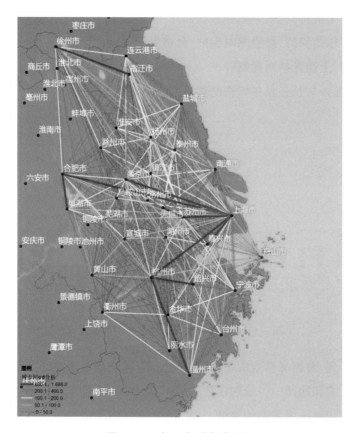

图 3-112　长三角城市联系度

哪个学校排名更高？

哪个学校招生更多？

哪个学校就业形势更好？

哪个学校女生更漂亮？

诸如此类，而这次我们和大众点评研究院合作研究的问题是：

作为一名吃货，在上海哪所高校上学更幸福？

先看数量：上海哪个高校周边的餐馆比较多？

我先选取了上海 11 所 211 大学，总计 28 个校区，包括：复旦大学（邯郸路校区、江湾校区、张江校区、枫林校区），上海交通大学（徐汇校区、法华校区、闵行校区、七宝校区），同济大学（四平路校区、沪北校区、沪西校区、嘉定校区），华东师范大学（中北校区、古北校区、闵行校区），上海外国语大学（虹口校区、松江校区),上海财经大学(国定路校区、中山北路校区),华东理工大学(徐汇校区、奉贤校区),上海大学(延长路校区、嘉定校区、宝山校区),上海中医药大学,中国人民解放军第二军医大学,东华大学(延安路校区、松江校区)。

上海 985/211 大学校区分布见图 3-113。

图例

大学校区分布

- ● 上海交通大学
- ● 上海外国语
- ● 上海大学
- ● 上海财大
- ● 东华大学
- ● 中医药大学
- ● 中国人民解放军第二军医大学
- ● 华东师范
- ● 华东理工
- ● 同济大学
- ● 复旦大学

图 3-113　上海 985/211 大学校区分布

然后,再筛选出各个校区周边 2 公里内的所有餐厅,分别按照学校和排序来看餐厅总数,见图 3-114。

从图 3-114 中可以看到:上海交通大学法华校区周边拥有超过 2 500 家餐馆,居 28 个校区之最。交大徐汇校区、复旦枫林校区和东华延安路校区紧

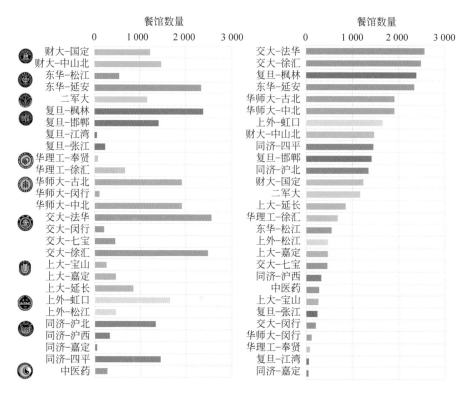

图 3-114　上海高校周边餐馆数量

随其后，也有超过 2 000 家餐馆。总体而言，上海西南某高校表现得极为耀眼，这里的吃货们非常幸福。

虽然我知道你们大多数其实都生活在只有 200 多家馆子的闵行校区。

当然，光是餐馆数量并不能代表吃货的幸福程度，一条街开了 20 家黄焖鸡米饭一样会吃崩溃。因此，我们还需要对菜系的多样性进行比较。

第二个问题来了，上海哪个高校周边的餐馆类型比较丰富？

先看一眼 28 个校区周边的餐饮菜系总体分布，见图 3-115。

从整体上看，小吃快餐＋面包甜点占据了超过半壁江山。小吃快餐更是以 41% 的高份额秒杀其他所有菜系。毫无疑问，高校学生们的世界是属于沙县小吃、兰州拉面、桂林米粉、重庆鸡公煲、四川麻辣烫、西安肉夹馍、黄焖鸡米饭和黄山菜饭骨头汤的。

那么，怎么通过菜系的类型来评价餐馆的丰富度呢？

我们首先选择每个校区周边的所有餐厅，分析其绝大多数餐厅的菜系构

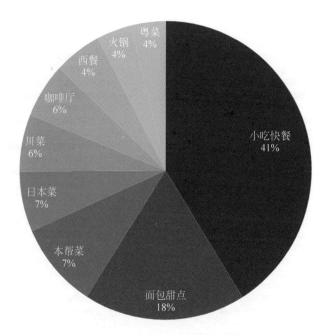

图 3-115　上海高校周边餐饮类型

成。然后在这里引入多样性的概念：

我们自定义了"餐厅的多样性指数"，其数值为菜系的"赫芬达尔－赫希曼指数"的倒数。将各个校区周边餐馆多样性指数分别按照学校和排序归类见图 3-116。

总体看来，越靠近市中心的校区周边餐馆多样性越高，比如交大徐汇校区、华师大古北校区、东华延安路校区、复旦枫林校区等。但也有一些校区虽然位置相对偏远，多样性也很高，比如上外松江校区和上大嘉定校区。其中最值得同情的是：

复旦江湾的同学们，真是苦了你们了！

但是，仔细想想，其实馆子花样多也没用啊，对于穷学生来说，馆子多不见得吃得起。还是性价比最关键。

问题又来了：上海哪个高校周边的餐馆性价比最高？

这是一个极其复杂的问题，事实上，不少人认为性价比是一个并不存在的概念。

在此我们先不探讨哲学命题。仅从现实角度来说的话，人们对某餐馆的

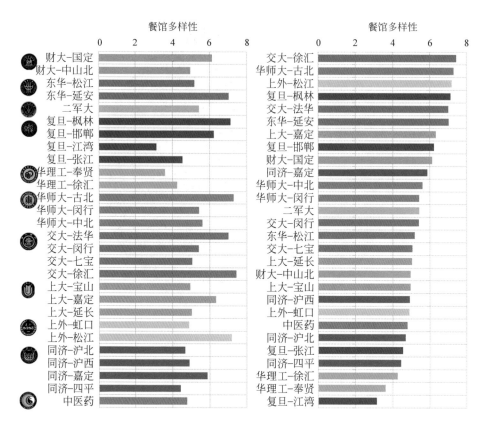

图 3-116　上海高校周边餐馆多样性

评价会因为其价格的高低产生主观情绪化的波动，比如可能会对高价餐馆特别苛刻，或者对低价馆子特别宽容。

如何解决这个问题呢？

我们可以将性价比的评价分为三步进行。

第一步，我们根据各校区周边餐馆的评价情况，整理出表 3-13。

表 3-13　上海高校周边餐厅评分

校区	综合评分	口味	服务	环境
华师大-古北	1	1	1	1
复旦-枫林	2	2	2	3
交大-法华	3	3	3	2
东华-延安	4	4	4	4

续表

校区	综合评分	口味	服务	环境
交大-徐汇	5	6	5	5
二军大	6	5	6	6
华师大-中北	7	10	10	8
复旦-邯郸	8	9	7	9
财大-国定	9	11	9	10
复旦-江湾	10	47	11	13
同济-嘉定	11	8	12	16
交大-七宝	12	15	8	7
上大-延长	13	13	15	15
华东理工-奉贤	14	12	13	12
上外-虹口	15	14	17	17
东华-松江	16	16	14	18
同济-沪北	17	18	19	21
同济-四平	18	17	18	22
上大-嘉定	19	22	16	11
上大-松江	20	20	23	23
华东理工-徐汇	21	19	25	26
同济-沪西	22	21	20	14
中医药	23	24	21	19
复旦-张江	24	25	22	20
上大-宝山	25	23	24	25
华师大-闵行	26	26	28	28
交大-闵行	27	27	27	27
财大-中山北	28	28	26	24

其中,华师大古北校区、复旦枫林校区和交大法华校区在综合排名上占据了前三的位置,而交大闵行校区和财大中山北路校区则排名垫底。

第二步,我们先来看一下各校区周边餐馆的客单价情况,按照人均消费的价位分布,可以将这 28 个校区分为三组。

表 3-14　上海高校按餐饮消费水平分组

分组	低消费组	中消费组	高消费组
低于 20 元的餐馆比例	≥50％	40％～50％	＜40％
低于 50 元的餐馆比例	≥80％	70％～80％	＜70％
高校-校区	华东理工-奉贤	上外-虹口	上大-嘉定
	东华-松江	财大-中山北	复旦-枫林
	同济-四平	交大-七宝	交大-法华
	华师大-闵行	复旦-江湾	交大-徐汇
	上大-宝山	同济-沪北	东华-延安
	中医药	同济-沪西	华师大-古北
	复旦-张江	复旦-邯郸	
	华理工-徐汇	财大-国定	
	交大-闵行	二军大	
		华师大-中北	
		上大-延长	
		上外-松江	
		同济-嘉定	

整理下来，这三组的价位分布见图 3-117。

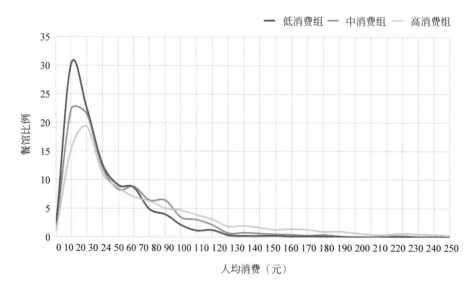

图 3-117　上海高校周边餐饮价位分布

第三步,正式进行性价比的建模。

在此,我们做了一个假设:如果两个餐馆菜系相同、价格相同,而消费评分不同,那么该差异是由性价比带来的。由此,我们可以将这个差别作为性价比的度量,构造回归方程为

$$评分 = \log(客单价) + e$$

其中,e 表示回归的残差,也就是性价比啦。

通过这个公式,我们计算出了高校周边所有的餐馆的性价比,将其汇总到各个校区,然后分高校和排序汇总,见图 3-118。

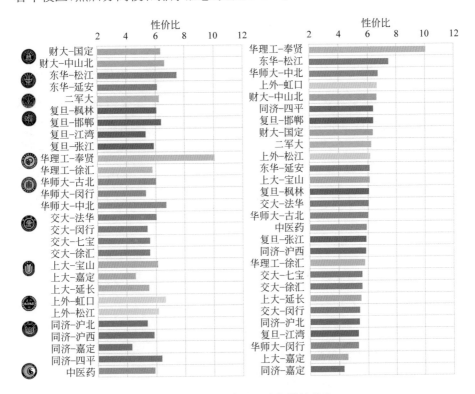

图 3-118　上海高校周边餐馆性价比

可以看到,所有高校周边餐馆性价比最高的学校是华东理工奉贤校区和东华松江校区,而性价比最低的学校则是同济嘉定校区和上大嘉定校区。

补充一句:复旦江湾的同学们,真是又苦了你们了!

总的来说,高校所处的地理区位越靠近市中心、交通可达性越高,周边餐馆的数量就多、餐馆的多样性也比较好;相应的,价格也水涨船高。因此,从性价比上看,没有显著的空间分布规律。

当然,就算学校周围餐馆又多又好,但作为一个没有收入的大学生,最终大部分的时候还是要去食堂,与各种高蛋白的昆虫和大厨师傅的头发打交道的。

因此,本次回答的终极问题是:

上海哪个高校的食堂性价比最高?

有时候,高校的后勤部喜欢给食堂起一些奇怪的名字,比如旦苑啊,饮食广场啊什么的。这给我们的筛选工作造成了很大的困难。

因此,我们先选出了 28 个校区,然后按照边界筛选出位于校园内的餐厅,并去掉面包房、咖啡厅等,余下的我们便毫不留情地将其视为各色食堂。由此得到的食堂样本共计 28 个(如有遗漏,欢迎同学们到点评网上补充)。

从评论数量来看,从 2014 年 7 月—2015 年 6 月这一年中,评价数目最多的食堂前三名分别是同济大学留学生食堂、同济大学本部学苑饮食广场和复旦大学北区学生餐厅。

从价格来看,食堂的人均消费水平都在 6~16 元。而价格高于 10 元的食堂仅有三家:华东理工教工食堂、华东师范河西食堂和二军大食堂。

从综合评分来看,同济大学留学生食堂和同济大学本部学苑饮食广场并列第一。"吃在同济"确有出处。

那么,从性价比来看呢? 见图 3-119。

性价比最高的食堂,由同济大学留学生食堂和同济大学本部学苑饮食广场一骑绝尘,远超同济。而性价比最低的食堂,则被上海大学延长路校区食堂、复旦大学本部食堂和交通大学食堂,包揽三甲。

好的,以上就是上海高校吃货的幸福指南。当然最后还有一个问题:

谁能请我去同济吃食堂啊?

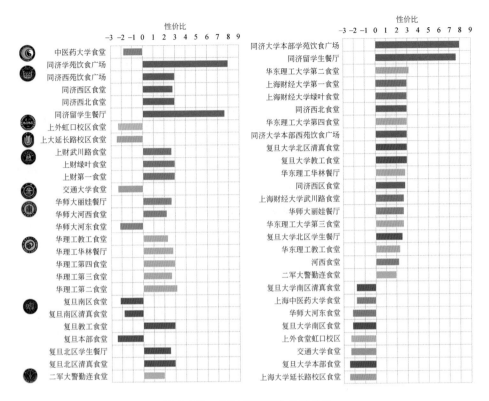

图 3-119 上海各高校食堂性价比

3.3 生活之重: 生为房奴

生活中并不总是充满了欢乐,总有一些让我们想起来就觉得很沉重的话题,比如说,房子。本节内容围绕上海的房子展开,分别聚焦买房者、周边配套、学区房、租售比等几个小的话题,来管窥房地产这个宏大的世界。

3.3.1 上海的房子都被谁买走了

学姐最近开始看房子了。

昨天,她过来找我,问:"小团啊,最近股市风起云涌变幻莫测,我觉得还是投资固定资产比较靠谱。可是,我一个外地女生在上海买得起房吗?"

我说："学姐你收入多少？我帮你算算吧。"

学姐说："这也太隐私啦，可不能随便告诉你，你就从整体上看一看吧。"

好吧。为了满足学姐这个毫无诚意的无理要求，我只好找出某房地产代理商提供的 2014.7—2015.6 上海一手房交易的抽样数据，样本数大约 1 万个，数据字段包括房屋价格和区位信息、购房者性别及脱敏后的身份证号（不包括姓名和末 4 位）等。

既然不掌握学姐的个人收入数据，那么我们只能从统计的角度看看：

上海的房子都被谁买走了呢？

我们就从购房者的户籍来源、性别、星座、年龄四个角度分析一下吧。

Part1：购房者来源：上海人 VS 新上海人

我们将身份证号以"310"开头的购房者定义为"土生土长的上海人"，简称"上海人"；将其他购房者，也就是原户籍不在上海、已在上海购房的人定义为"新上海人"。

从最近一年的数据来看，购房者中上海人占比为 48.5%，低于新上海人的 51.5%。也就是说，上海有一半的房子被原籍意义上的"外地人"买走了。

那么，新上海人都来自哪里呢？请看图 3-120（颜色越深表示在沪购房者人数越多）。

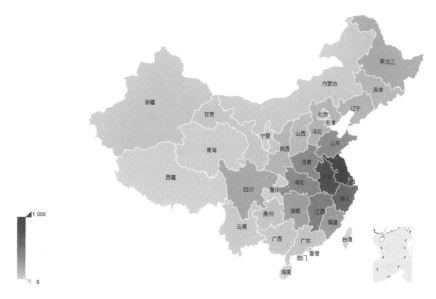

图 3-120　各省在沪购房者人数

　　可以看到,各省在沪购房者人数呈现明显的以上海为中心向外递减的圈层结构,即距离上海越近的地区,来沪购房者越多。

　　按地域片区来看,在沪购房者人数呈现出"华东＞华中＞东北＞华北＞西北＞西南＞华南"的规律。而在华东地区,原籍江苏、安徽和浙江的购房者占据了新上海人总数的 41.7％。

　　具体到城市而言,这些外地买房者的聚集度见图 3-121。

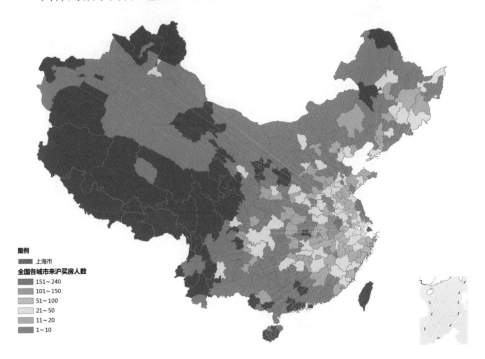

图 3-121　全国各城市来沪买房人数

　　很明显,来沪买房子的新上海人大多来自于上海周边的城市。但问题是:

是不是来自这些地方的新上海人更热衷于买上海的房子呢?

　　为了回答这个问题,我们定义了各省购房者的上海买房指标:

　　$I_i=$一年中在上海购房的原籍在省 i 的人数量(人)/上海外来人口中来源地为省 i 的人口数量(万人)

　　我们把各省的 I 值落在地图上,颜色越深表示买房比例越高,见图 3-122。

　　可以看到,图 3-122 与图 3-121 差异巨大。

　　买房比例最高的居然是东北、华北和新疆!而在买房人数上占优的华东,

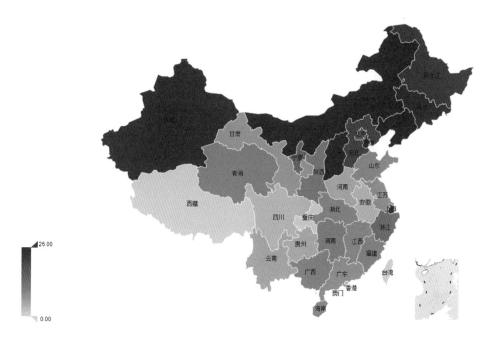

图 3-122　各省购房者在上海的购房指数

买房比例反而是偏低的。总体来看：

新上海人买房比例前三名：天津、辽宁、内蒙古。

新上海人买房比例后三名：安徽、四川、贵州。

我想，大概北方离上海挺远，因此只有实力强大、内心坚定的北方人才会来上海发展，而且来就抱着"扎根"的信念；与之相比，从华东来上海的人数量更多、目的更多元、经济实力和个人能力差异也比较大，因此拉低了本省人在上海购房的比例。

学姐，作为一个外地人，你下定决心买房了吗？

Part2：购房者性别：男性 VS 女性

从总体来看：

最近一年的上海购房者中性别比为 147：100；

购房者中，上海人性别比为 144：100；

购房者中，新上海人性别比为 151：100。

显而易见，上海的房子更多都被男性买走了。

我们可以看看不同原籍的购房者的性别比（蓝色表示男性购房者比例高，

红色表示女性购房者比例高,黄色表示相对均衡;删去了数据异常的西藏和重
庆样本,以下同,见图 3-123)。

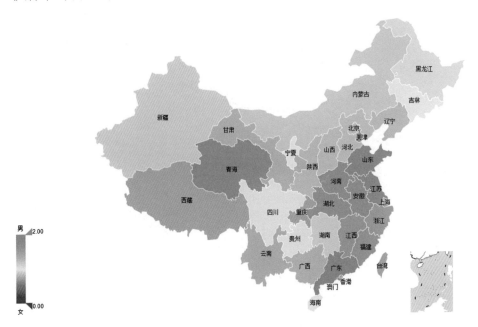

图 3-123 各省在沪购房者性别比例

可以看到,来自全国大部分地区的购房者都以男性居多,在沿海地区更甚。

上海购房者性别比最高原籍省前三名:广东、山东、江苏。

上海购房者性别比最低原籍省前三名:新疆、海南、宁夏。

那么,男性买房比例是不是比女性更高呢?

还是用 Part1 中定义的购房指标,我们将购房性别比与总人口性别比进行
比对,计算得到新上海人中男女购房指标分别为 8.9 和 5.0。

没错,就上海而言,男性买房的比例也远比女性更高。

那么,这一差异有没有地域特征呢?

我们按照原籍所在省做出了男女购房比例差异度(男性的购房比例减去
女性的购房比例),蓝色表示男性购房比例高于女性,红色表示女性购房比例
高于男性,黄色表示相对均衡:

可以看到,全国大部分地区的男性在上海购房的比例都高于女性,且东部
比西部差异更大。

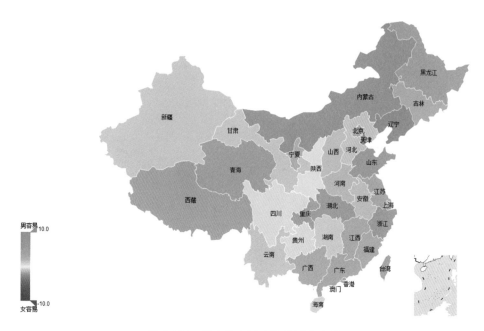

图 3-124 新上海人购房指数男女比较

新上海人买房男性指标最高前 3：天津、辽宁、内蒙古。

新上海人买房女性指标最高前 3：北京、宁夏、河北。

看来买房子始终还是大部分男性的核心人生任务啊。学姐，你赶紧买房子改变这个比例吧！

Part3：购房者星座

接下来，我们又非常八卦地统计了最近一年在沪购房者的星座。

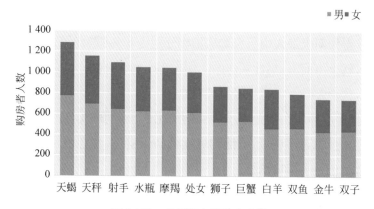

图 3-125 各星座在沪购房人数

可以看到,无论男女,天蝎、天秤和射手都稳居前三甲。

难道说,腹黑、优雅、热情可以大大提高购房成功概率?

且慢,这三个星座从出生日期上不是连着的吗? 我好像知道了什么……

学姐,你们双子貌似在买房上表现的最低啊。

Part4:购房者年龄

我们算了一下:

上海人的购房年龄平均数为 38～39 岁;

新上海人的购房年龄平均数为 35～36 岁。

也就是说,新上海人购房比上海人要早三年(注:未区分首套房和换房)。

但如果把购房者分为上海男、上海女、新上海男、新上海女四个组,并按空间圈层比较的话,会看到差异更加清晰。各圈层购房者年龄分布见图 3-126。

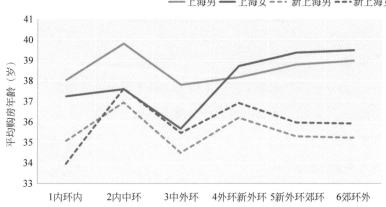

图 3-126　各圈层购房者年龄分布

可以看到:

上海男和新上海男的年龄随空间圈层的变化趋势相同,且 3 岁的年龄差异稳定存在。

但值得注意的是:市中心女性购房者年龄比男性要小,而郊区女性购房者年龄比男性要大。

学姐,你到底要买哪里的房子呢?

彩蛋:上海的好房子都被谁买走了

什么是"好房子"呢? 一千个人心中有一千个哈姆雷特。

为了回答这个问题，我们不妨简单的认为市中心的就是好房子。

我们仍然按照四组人购买的房子的区位进行统计，见图 3-127。

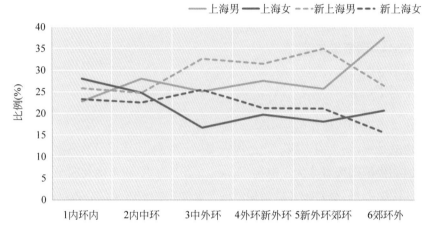

图 3-127　各圈层购房者比例分布

如图可知：

市中心（内环以内），上海女＞新上海男＞新上海女＞上海男；

中心城区（外环以内），新上海男＞上海男＞新上海女＞上海女。

简单地说就是：上海中心城区的新上海人比上海人更多，更多的好房子被新上海人买走了。

这是为什么呢？

我猜可能是由于以下原因：

从外地来到上海发展，并买房成为新上海人的，本身就拥有较强的个人能力或经济实力；

上海人只能在上海买房，个人能力和经济实力参差不齐，因此在市中心和郊区都会买房（去其他地方发展的上海人数量很少，忽略不计）。

为了印证这个猜想，我又用了新上海人购房的总价与其原籍省的人均GDP 进行了比较，见图 3-128。

如图 3-128 可知，二者间的正相关的关系还是比较明显的。也就是说，买什么样的房，跟地区和家庭的经济实力有着很大的关系。

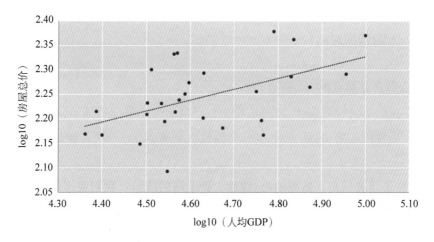

图 3-128　原籍省人均 GDP 与购房者的房屋总价

再对性别进行比较的话,我们会发现:从市中心向郊区,购房者性别比呈增加趋势,也就是说女性买房比男性更靠近市中心。这一点在新上海人中更为明显。

各圈层购房者性别比见图 3-129。

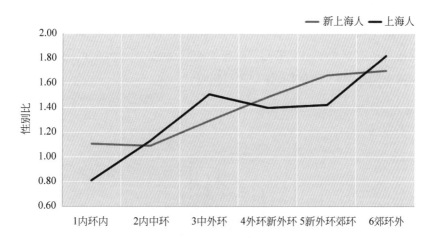

图 3-129　各圈层购房者性别比

根据我国"女儿富养,儿子穷养"的国情,这个结果似乎也是可以理解的。学姐,你说呢?

3.3.2 上海购房攻略

世界总是那么的"公平"。

在我醉心研究寒窗苦读期间，闺蜜们已经纷纷恋爱结婚怀孕、摩拳准备买房了。当我得知婚讯、送去违心的祝福且收到客套的安慰后，她们总是会问一句：

"你是研究城市大数据的吧，你怎么看上海的房价？我到底应该在哪儿买房合适呢？"

"房价"，与其他商品的价值一样，是需求与供应在现实世界中的投影。只不过作为不动产，房屋这一商品背后的供需有些特殊：在我们生活的这个愚蠢的三维世界里，空间具有绝对的排他性，这使你永远无法拥有两套具有相同空间属性的房屋。极端地说，在空间上任何一栋房屋都是唯一的，它的供应总量也只有 0 和 1 两种。（所以即使是自由市场国家，也存在花多少钱都无法搬迁某些钉子户的情况。很简单，因为只要他不想卖，他的房屋供给就是 0。需求除以零供给，结果房价自然是无穷大。）

因此，不动产的供给问题往往是极度复杂的，为了不陷入哲学性的困境中，我还是从需求角度出发来回答闺蜜们的问题吧。不过，在讨论具体需求之前，第一个问题是："闺蜜们，你们买得起吗？"

是否买得起，见图 3-130 便知。

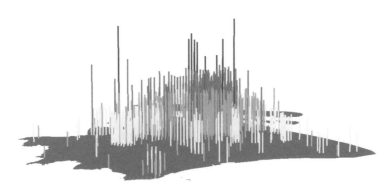

图 3-130　上海二手房房价分布

图 3-130 根据房地产门户网站的全网二手房价数据（时间是 2015 年 3 月）制作而成。从图中可以看到每一个小区的单价和所在位置。最高的几根线格外引人注目：东边最高的是陆家嘴滨江的豪宅；中间最高的是新天地的豪宅；而西侧最高的则是佘山的高级别墅。

大部分闺蜜纷纷表示这些楼盘和她们毫无关系，她们最关心的价位区段叠杂在淡橙色线条中，无法识别。好吧。那么再看图 3-131。

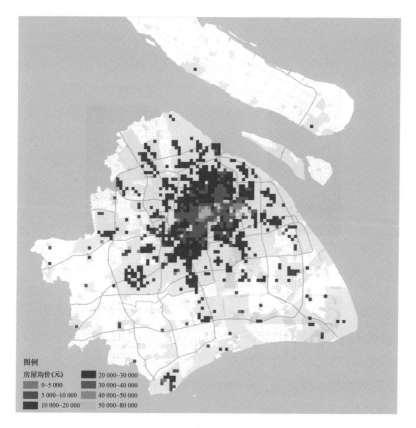

图例
房屋均价(元)
0~5 000
5 000~10 000
10 000~20 000
20 000~30 000
30 000~40 000
40 000~50 000
50 000~80 000

图 3-131　上海各地区房屋均价

此图把从相关网站获得的上海所有二手房单价进行了 1 平方公里的栅格化处理。由此可以看到上海每一平方公里土地（含有住宅价格信心的）的房价中位数空间分布。

我对闺蜜们说："总体而言，房价在空间上并不完全按照圈层分布，虽然每平方米 4 万元以上的豪宅仍然高度集聚在静安区和陆家嘴，但是 3 万~4 万元的区域已呈现不规则的形态,主要在市南地区,市北也有杨浦虹口的局部。3万元以下的地方仍有大片,所以大家还是很有希望的。看完房价了,现在说说你们的需求是什么呢?"

先举手发言的是春春。

春春是一个原教旨环保主义者。她说:"我以后肯定是不会开车上班的,只能坐地铁了。帮我看看地铁站点附近的房子吧。"

春春的要求是"好交通"。好的,那么好交通(轨交)到底对房价有多大影响呢? 再看图 3-132。

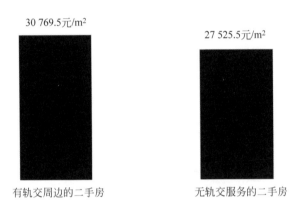

图 3-132　有无轨道的二手房价比较

我们截取了位于中外环线间的所有二手房房价(据我了解春春也就买得起这个区域了),以 1 平方公里内有无地铁站为标准为两种:地铁房和非地铁房。可以看到,地铁房的均价为 30 769.5 元/m²,非地铁房均价为 27 525.5 元/m²。两者相差大约 10%。好像也差不太多。

是的。实际上从微观角度上观察,轨道交通对房价的影响并不特别显著。我们再将视野从中外环拓展到全市,对每个空间圈层内的地铁房和非地铁房的房价进行了拟合,**可以得到图 3-133**。

可以看到,地铁站点对于房价的影响随着与市中心的距离扩大而不断加强。在市中心 5 公里范围内,房价几乎不受轨交站点的影响;从 5 公里以外,轨交对房价的作用才逐渐呈现且加强。换句话说,离市中心越远,地铁房越有价值。面对已经不考虑市中心,即将中外环间的春春,我很(bu)中(fu)肯(ze)地提出了建议:

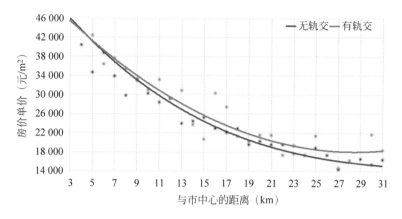

图 3-133 有无轨交对房价的影响

"你还是多花 10% 的钱,买在地铁站附近吧。"

春春还没来得及答话。素素已经抢先发问了。

素素是一个有文化的人。她说:"我的需求很简单。我希望我周边住的都是有文化的人,起码都是大学本科以上的吧。"

素素的需求是"好邻居"。对于这一需求,先简单地用"周边地区高学历人群比重"这一指标来进行解释吧。那么,"好邻居"(周边地区高学历人群比重)对房价有什么影响呢?请看图 3-134。

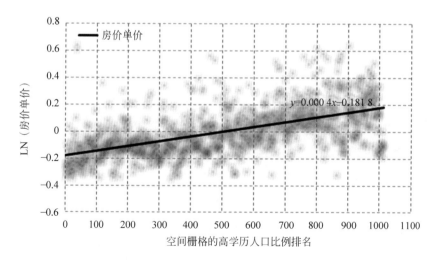

图 3-134 "邻居"受教育水平与房价的关系

我们根据人口普查数据计算出全上海每 1 平方公里栅格内的高学历人口比例,将栅格按照高学历人口比例的大小从高到低进行排序,然后用排完序的栅格的平均房价对数绘制出散点图。通过这些栅格房价对数的线性回归可以看到:房价与高学历人口比例呈现较为明显的正相关关系。

我得意地指给素素看,但是,有文化的素素说:"我知道这个有什么用?那我应该买在哪?哪里的性价比最高?"

人们总是习惯相信世界上有一种东西是叫做"性价比"的。餐馆有性价比、手机有性价比、"好邻居"也有性价比。但从经济学角度上看,我们并不建议直接进行"性能"与"价格"之间的比较。所谓的性价比,实际上应该是一种收益和成本的优化关系。

以素素的案例来看,既然素素希望通过购房来获得"好邻居",那么她在"购房"这一行为中的收益是高学历邻居的比重;成本是购房的总支出。因此,素素的最优选择(性价比最高选择)即应当是实现她净收益(收益扣除成本)最大的那个空间栅格(在购买相同居住面积的情况下)。

根据这一原则,我们折算出了上海所有空间栅格的"好邻居"净收益指数,**其空间分布见图 3-135**。

那些颜色最红的地区,就是"好邻居"性价比最高地区了。结果很明显,主要分布在三个区域:

(1) 五角场区域;

(2) 花木、金桥、张江区域;

(3) 徐汇向南延续至闵行区域;

(4) 如果不介意太远的话,松江大学城附近也是不错的选择。

我大手一挥:"素素你就去这几个地区去看房吧!"

素素还没来得及答话。夏夏和白白已经围了上来,七嘴八舌。

夏夏说:"我想选一个临近好工作的房子!"

白白说:"我想选一个靠近好吃的地方的房子!"

先看夏夏。"好工作",非常难以分辨的需求。我们暂且简单地将"好工作"理解为金融、保险、法律、咨询、广告、地产、科研等生产者服务业工作。

这些工作岗位对房价是否有影响呢?**就业结构与房价的关系见图 3-136**。

同样地,我们根据经济普查数据,计算出了上海市每 1 平方公里栅格内的

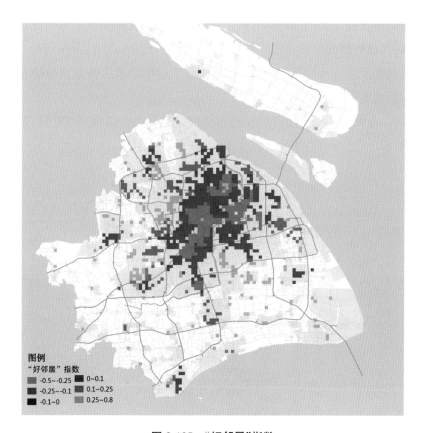

图 3-135　"好邻居"指数

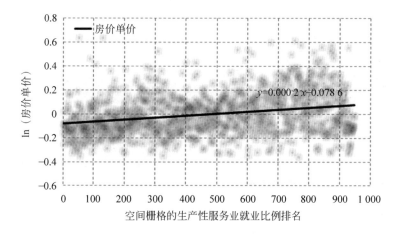

图 3-136　就业结构与房价的关系

生产者服务业就业比例,将栅格按照生产者服务业就业比例从高到低进行排序,然后用这些排好序的栅格的平均房价对数绘制出散点图(图3-136)。从平均房价对数散点的线性回归中可以看到,房价与生产者服务业岗位比重基本呈现正相关关系。换句话说,好工作机会越多的地方,房价越贵。

那么,在购房中"好工作"的性价比分布是怎样呢? 同"好邻居"问题一样,我们将"好工作"净收益指数计算出来,其分布见图3-137。

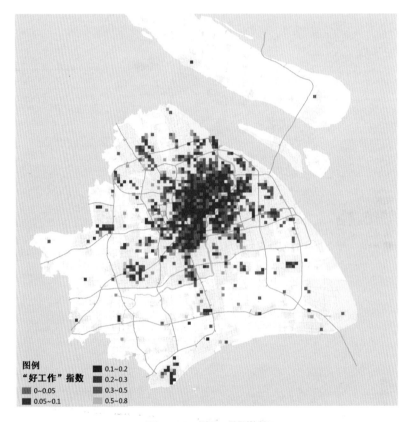

图 3-137 "好工作"指数

那些颜色最红的地区,就是好工作性价比最高地区了。**这些点散落在全市的各个地方,基本上毫无规律**。

我大手又一挥:"夏夏你就去这几个地区去看房吧!"

夏夏说:"等一下! 你选的这些地方这么多这么零散,跑断腿啊! 我要怎么去找?"

我一本正经地回答说："当然啦,你又没有告诉我具体的好工作是指哪些工作? 数据总是很精准的,关键是你的需求不精准! 等你想明白了再帮你算一个更好的地方! 下一个!"

白白赶紧举手,说:"我来了我来了! 我希望住的地方附近总是能吃到好吃的,那应该在哪买房子?"

这个需求是个什么鬼呀? 我咬着牙开始思考。**"好吃的"**? 妈蛋,那我就直接看周边地区的餐饮最高价吧。**高价位餐饮指数和房价有关系吗? 餐饮价格与房价的关系见图 3-138**。

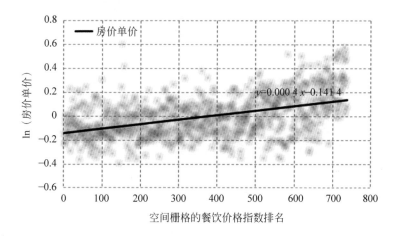

图 3-138　餐饮价格与房价的关系

我们根据上海餐饮的网络点评数据,计算出全上海每 1 平方公里栅格内的高端餐饮价值指数,将栅格按照高端餐饮价格从高到低进行排序,然后用这些排好序的栅格的平均房价对数绘制出散点图(图 3-138)。从平均房价对数散点的线性回归中可以看到,房价与高端餐饮指数呈现正相关关系。换句话说,高级餐厅越多的地方,房价越贵。白白问道:"那性价比呢? 我怎么选房价又便宜餐馆又高级的地方?"

好的,在购房中"好吃的"的性价比分布是怎样呢? 我们将"好吃的"净收益指数计算出来,其分布见图 3-139。

其中,红色的栅格即是高端餐馆指数性价比最高的地区了。从图中可以看到一条清晰的轴线,沿着二号线从陆家嘴一直延伸到虹桥地区。白白疑惑道:"这里? 这不是市中心吗? 不是房价最贵一条轴吗? 性价比何在?"我思

图 3-139 "好吃的"指数

考了一下,解释说:"是啊,所以既然你又想离高级餐馆近,那就只能住在市中心啦。但是,既然数据分析告诉你这里性价比高,那就说明这里应该有不少价格还不算太贵的破房子吧,你去好好挖掘一下。作为一个吃货,你就不要介意住在危房里啦。哈哈。"应付完春春、素素、夏夏、白白,我已经精疲力竭。

但忽然发现角落里还站着佳佳。

佳佳总是那么古典和恬静。她羞涩地走过来跟我说:"我不追求性价比啦,反正买房子是我未婚夫出钱。他说买在哪都不要紧,只要买了能升值就行"。

升值?我最讨厌预测房价什么的了。但是迈不过好朋友的面子,**我只好放出了大招儿。房价涨幅密度分析见图 3-140。**

此图是我们整理了 2015 年第一季度的上海市每个二手房小区房价涨幅

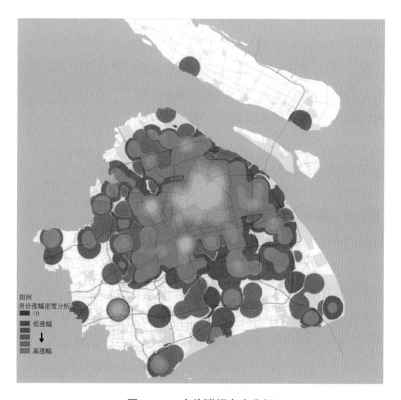

图 3-140 房价涨幅密度分析

程度,并以核密度方式绘制而成。红色越深的地区涨幅越大,绿色的表示涨幅越小(甚至局部略有跌幅)。

可以看到,虽然上海的二手房楼市仍然在高度震荡当中(有涨有跌),但是市中心的房子却依然继续高涨。涨幅最大的区域集中在中环线以内,仅在长宁、闸北、虹口、杨浦的少数地区突破了中环界限。而在中心城(外环线)以外的地区仍然保持高涨态势的,集中在三个片区:宝山顾村、大虹桥和闵行徐泾。

我对佳佳说:"当然,这张图只是反映了近期的二手房变化。假如你要投资的话,我需要明确你的投资目的,是求涨幅还是避风险,然后根据更长时间的变化幅度,再综合交通、人口、企业、教育、公共服务等数据,落实到具体空间范围内,与房价变化综合建立一套回归方程,这样就有可能得到更精确的回答。"

说完,我又补充了一句:"对了,除了这些之外,我还要知道,你的购房预算是多少呢？"

佳佳还是那么羞涩，她轻声回答说："啊，预算啊，其实我也不太知道"。

佳佳叹了口气，又说："你刚才分析了那么多因素真是好玩，但上海房价总是变来变去的，你说说到底哪个因素影响最大呢？"

还用说吗，影响最大的因素就是你啊！

3.3.3　遥不可及的学区梦

上海有重点学区房吗？

教育部门的回答应该是不。

以小学为例，由于上海小学升初中是"考试选拔＋就近入学"的双模式，小学之间并不存在精确的所谓"升学率"排名。同时，教育部门也从未在任何官方渠道上发布过这些学校的等级和任何指标体系。按理说，在这么严密的信息管控下，起码在小学层面，上海应该不存在所谓学区房的概念的。

"居民朋友们，请按照教育局划定的片区，各自去找自己归属的小学吧，这些学校不分重点普通，都是一样好的。"

但事实呢？随便一搜索，从各大相关论坛均可以看到所谓"重点小学"的排名信息；而各大房地产服务网站也都提供一种叫做"按学区搜楼盘"的选项。这些不同来源的信息虽然在具体排名上略有差异，但入围名单几乎毫无差别。整理了一下，差不多133个，大概就是这些小学，见图3-141。

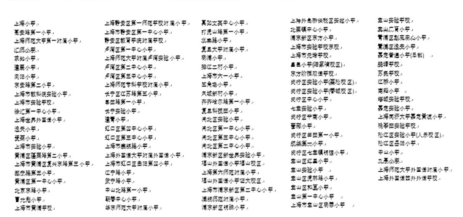

图 3-141　上海重点小学名录（民间版本）

其位置见图 3-142。

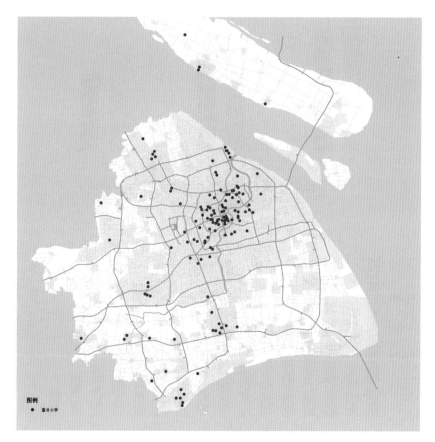

图 3-142　上海市重点小学分布

客观地说，这类信息有可能是从官方流出的，但也很有可能早已掺杂了不同渠道的私货。我们并不能取得官方的确认和授权。但这并不重要，重要的是它已经形成了某种"社会共识"。

"社会共识"？这种未被官方认可的"社会共识"能够引发上海的房价波动吗？上海学区房价格与房价整体水平比较见图 3-143。

我们将"社会共识的重点小学"的学区楼盘价格进行了统计，并按照市区和郊区归类，并对比其区域内学区房和所有楼盘的价格中位数，绘制出图 3-143。可以看到，无论从全市角度、还是中心城区、抑或是郊区，这些"学区房"单价比全部房屋单价均高出 6 000 元左右。

我们再将这个结论细化到每个区，制作出图 3-144。

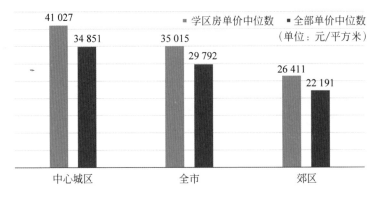

图 3-143　上海学区房价格与房价整体水平比较

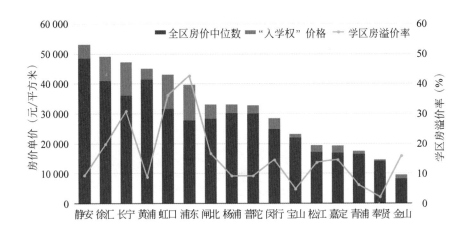

图 3-144　上海各区"入学权"价格和溢价率

可以看到，从中位数上看：

（1）所有区的"学区房"单价都高于全区房单价；

（2）学区房单价最高的是静安区，达到了 5 万元以上；

（3）学区房单价较全区房屋单价差值最大的是虹口和浦东，其中浦东的学区房单价比全区房单价贵达 42% 之多。

从以上两组数据中，我们可以清晰地看到，不管这些小学是否真的是重点小学或者真的教育质量出类拔萃：

它们所对应的"学区房"价格的确已经普遍高于区域房价的中位水平。

这就是"社会共识"和"家长们"的力量。

那么,学区房价格的高企,跟哪些因素相关呢?

我们从供需角度出发,对比每一个区县小学教育资源供给与潜在入学需求程度。

首先,我们从各区县教育局的官方网站上查到每一个学校(名列所谓"重点小学"名单中的)当年度招生计划,并将其加总;然后根据第六次人口普查数据用 cohort 模型(关于这个模型的介绍,请搜索城市数据团《控制人口——一剂量开给上海的毒药》一文)进行模拟,并推算出该区县当年的适龄儿童数,从而计算出了每个区县的重点小学的入学可能性,见图 3-145。

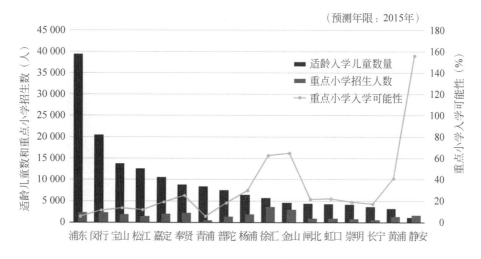

图 3-145　上海各区重点小学入学可能性

明显可以看到:浦东新区的适龄入学儿童数量与重点小学招生人数差异最大,相应地,其所在区的入学可能性最低,低于 20％;而静安区的"重点小学"入学可能性已经超过了 100％,毫无疑问,假如只考虑静态常住人口的话,静安区的教育资源很可能已经出现了某种程度的过剩。(这里的适龄儿童人口数据为人口推算数据,非官方数据。)

其次,我们再将各个区县的"重点小学"入学可能性与该区学区房价较全区房价的溢出率取对数进行拟合,制作出图 3-146。

可以看到,取对数后,每个区县的"重点小学"入学可能性与该区的学区房价的溢出率呈现负相关。也就是说,入学可能性越低,学区房价溢出率越高。

至此,我们可以得到这样一组初步结论:

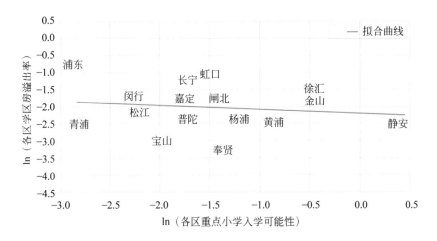

图 3-146　学区房价与入学可能性的关系

（1）虽然上海官方从未给出过任何关于"重点小学"的排名信息，但在"社会共识"中却有一张清晰的"重点小学"名单；

（2）在名单上的学校，其学区房价格总体明显高于其所在区县的房价水平；

（3）"学区房"价格高出区域房价的程度跟该区域"重点小学"的入学可能性高度相关。

那么，我们再进一步深入的思考，学区房的价格究竟意味着什么呢？

事实上，我们讨论所谓学区房，其核心并不是房屋，而是某些学校的"入学权"（或入学优先权）。而正是这个"入学权"的价格决定了学区房的价格。学区房的价格趋势，实际上只是入学权的价格趋势在房地产市场上的投影而已。

那么，入学权的价格是什么呢？

简单而言，入学权价格是剥离了不动产本身价格后的学区房交易价格。

我们可以对这一概念进行一个简单计算：

① 以某"重点小学"为中心，取其所有学区房的单价中位数代表其学区房交易价格；

② 再取该"重点小学"周边 1km 以内所有非学区楼盘的价格中位数代表该小学的周边不动产本身价格；

③ 然后前者减后者，即得出该重点小学的入学权价格（在这个计算中，由

于区位临近,两个中位数价格的比较可以在某种程度上剔除由于房屋质量和具体区位差异所带来的影响)。

通过这个简单的方法,我们可以利用空间分析工具对每一个"重点小学"进行入学权价格计算。制作出图 3-147。

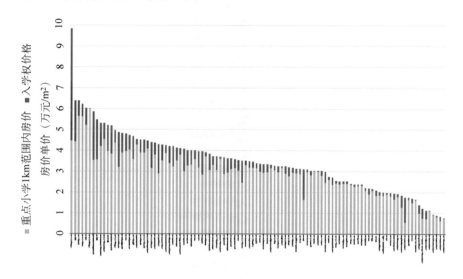

图 3-147 学区房与同区位房价比较

好吧,图表太长的确看不太清楚。

那么,**我们将"入学权"价格排名前二十的"重点小学"单独列出来**,其入学权价格见图 3-148。

从图中可以,这些学校的入学权价格均在 1 万元/平方米以上(逆天的卢湾区第三中心小学应该是被新天地附近逆天的房价影响到的偶然现象)。换句话说,这些学区房比相同区位的房屋价格每平方米要高出起码 1 万元以上。

你希望自己的子女就读图 3-148 中的这些学校吗?

好的,红色柱的长度数量×你要买的房屋面积,这就是你为了这个学区房所需要额外支付的价格。

那么,既然都需要额外付钱了,买在哪里最划算呢?

我们把每个学区房的入学权单价和入学权单价占总价比例分别放到空间上,制作出图 3-149。

从图中可以看到这样一个规律:

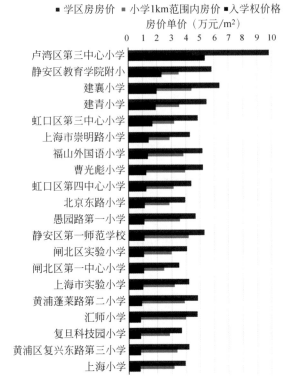

图 3-148　学区房与同区位房价比较(差价最大前 20 名)

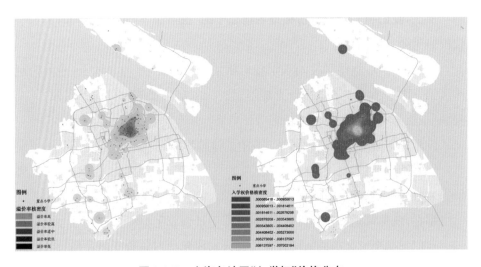

图 3-149　上海各地区"入学权"价格分布

(1) 从绝对值上看,入学权单价从市中心向外逐渐递减。市中心"重点小学"的入学权总体比郊区"重点小学"更高;

(2) 但从入学权占房价比上看,趋势却恰好相反,越到城市外围,入学权在房价中的影响度越高,对房价的拉动作用越强。

简言之,假如你希望子女进入市中心的"重点小学",那么你除了要承担更高的房价之外,还要承担更高的入学权价格;假如退而求其次,你觉得进入郊区的重点小学也不错,当然额外支付的入学权价格是没有中心区那么高啦,但是这个价格在你的购房总预算中的比重,则会大大提升。

学区房价格趋势是怎样的呢?

简单回答一下。"入学权"作为可以交易的商品,其价格自然也遵守供需关系的法则。

我们先从供给角度来看。

无论网络流传的"重点小学"名单是否官方意见,在这个名单上新增学校都是很困难的,因为市民对新学校的认知需要更长时间来形成"社会共识"。那么,现有"重点小学"的教育资源扩大还有哪些途径呢?

(1) 扩大招生规模;

(2) 开分校。

前者虽然能扩大教育资源,但是无法解决教育资源在空间上的分配;后者虽然可以在空间上扩散,但是新建分校耗时良久。总体而言,教育部门很难在短期内提升所谓"重点小学"的供给水平,其"重点小学"的教育资源供给能力应基本维持在约 2.8 万人/年的水平(2015 年水平)。

那么需求呢?

根据第六次人口普查数据,我们用 cohort 模型进行推算得出图 3-150。

假设上海严格控制人口,不再对外来人口提供基础教育服务。那么毫无疑问,2020 年将是上海适龄入学儿童的峰值,其数量将从 2015 年 15.8 万人上升到 2020 年的 18.4 万人。

(当然,假如人口继续严格控制,从 2025 年之后,适龄入学儿童数量将会骤减,上海的教育资源供需关系可以大大缓解,不过城市为此也将要付出沉重的代价,这个话题暂不展开,具体讨论可参看城市数据团的《控制人口,一剂开给上海的毒药》一文)。

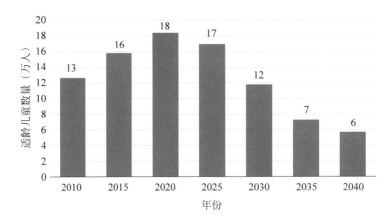

图 3-150　上海 2010—2045 年小学适龄入学儿童数量

然后,我们将供需水平对比可以看到:

2015 年的"重点小学"入学比例约为 18.2%,而 2020 年的"重点小学"入学比例将下降到 15.7%。总体下降约 2.5%,竞争激烈程度上升 14%。

在这样一个基本的供需状况下,起码在未来 5 年内:

上海市"重点小学"的入学权价格仍有可能持续上涨。

最后,附赠一点小建议给学区房投资者。既然学区房会上涨,那么哪里的上涨幅度可能较高呢?

同样从供需角度,用同样的算法,附上一张未来五年各区县"重点小学"的入学可能性恶化程度图(见图 3-151)。

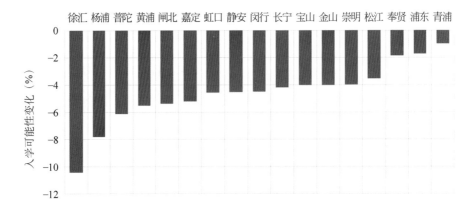

图 3-151　上海各区重点小学入学可能性变化(2015—2020 年)

请大家自行判断吧。

写在最后的话

我们必须承认,学区房是一个彻头彻尾的市场问题。无论政府是否给出重点学校的定义,重点学校自然会形成;无论政府怎么试图平衡教育资源,那些家长们也会使其变得不平衡;在现实中,有需求就有供给;既然有愿意为子女教育支付更高成本的家长们,那么就会有"学区房"的存在。

"学区房"所形成的机制,是一个注定无法缓解的供需矛盾。起码对上海而言,在可预期的未来 5 年,会有 84.3% 的孩子是上不了所谓"重点小学"的。

毫无疑问,"入学权"的价格应该会进一步提升。因为有些家长,他们对子女的教育期望是这样的:

有"学区房"要上,没有"学区房"创造"学区房"也要上。

就是这样。

3.3.4　房地产泡沫有多大

在帮闺蜜们筹划完上海购房攻略之后,四万亿元的事也渐渐忘却了。然而没过几天,国务院竟然迫不及待的应景发布了房产新政。面对着这样赤裸裸的救(da)市(lian)政策,一个貌似应该去努力实现的购房梦如野草般忽然在支书心中燃烧起来。

难道我也能在上海买房了?

作为一个城市研究者,买房子绝非小事。这不仅仅是刚需,也不仅仅是投资,更是堵上专业名誉的一场战役。亏钱事小,丢脸事大,于是我决定认真地梳理一下上海的房地产市场,谋定而后动。由于研究难度较大,我找来了一个博士帮忙,我们最终将赌注压在"房屋租售比"这一问题的研究上,并将之作为本次支书购房之战的关键武器。

好吧,问题来了。房屋租售比是什么? 一般而言,"房屋租售比=每平方米建筑面积的月租金/平方米建筑面积的房价"。但为了便于理解,我们可以把这个概念颠倒一下，转变为"房屋售租比"。

倒过来，"房屋售租比＝每平方米建筑面积的房价/平方米建筑面积的月租金"，其含义可以简单理解为："在保持当前的房价和租金条件不变的情况下，完全收回投资需要多少个月。"

一般而言，按照国际经验，在一个房产运行情况良好的区域，应该可以在 200～300 个月内完全回收投资。如果少于 200 个月（17 年）就能收回投资，说明这个地区有较高的投资价值；如果一个地区需要高于 300 个月（25 年），比如 1 200 个月（100 年）才能回收投资，则说明该地区有潜在的房产泡沫风险。

200～300 个月的安全区间，这是怎么算出来的呢？

简单举个例子，我准备投资一套房产，但不想占用太多现金流，该怎么办？付个首付，向银行贷款呗，能贷多少贷多少，大不了租金全部用来还按揭。好的没问题，这样的话，假如房价和租金均保持不变，租金也必须能够跑赢贷款利率才行。所以，一般国际上所认为的合理的租售比本质上是一个与贷款利率挂钩的指标。

以上海为例，现行贷款利率差不多应是 6%（新政前后有高有低），那么按照这套租金跑赢贷款利率的逻辑，合理的售租比应该是多少呢？粗算一下，就是差不多 200 个月。

那么，上海有多少房子的售租比能达到 200 呢？

我们搜集了上海 4 月的 37 000 余套住房的租金数据和 34 000 余套住房的房价数据，并按照小区（约 12 000 个）进行了匹配，将每一个小区的租售比汇总到了每一平方公里的城市空间当中，并以 200 个月为分界值制作出图 3-152。

是的，你没有看错，**图 3-152** 中的红点表示了售租比高于 200 个月的栅格空间，而白点则表示了售租比在 200 个月以下的栅格空间。也就是说，现阶段上海几乎没有什么所有地区的房价租金是能跑赢房贷的。

真是痛(hao)心(bu)疾(yi)首(wai)的结果啊。

不要紧，痛定思痛，再来看一下，上海的售租比到底是一个什么样的水平

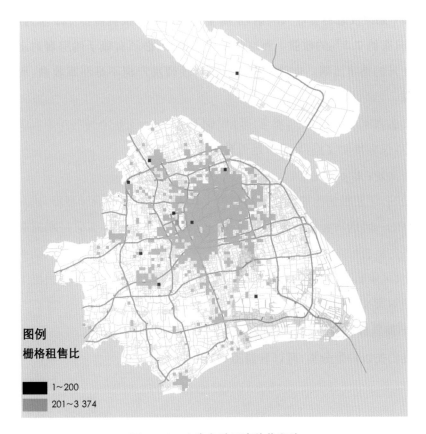

图例
栅格租售比

█ 1~200
▓ 201~3 374

图 3-152　上海各地区房价售租比

呢？我们将所有小区的租售比数值进行了排序，求出了其中位数值：

522 个月。

什么概念？假设我 25 岁研究生一毕业，就立刻全款买了一套房，然后放出去收租，那么，在我约 69 岁时，这 44 年来陆陆续续所收的租金总数就可以达到我 25 岁时买房所付的钱了。（而且还不考虑什么净现值折算之类的）。

好开心啊。才 44 年，竟然没有超过房屋的 70 年产权期呢。

高兴归高兴，我们由这些数据暂时可以得到以下两个结论：

（1）在不考虑房产增值的情况下，上海绝大多数地方的房子的房租收入都跑不赢当下的商业贷款利率的。如果房价不持续上涨的话，即使以市场价出租，也是买一个月亏一个月，亏的程度不同而已；

（2）如果仅靠租金收入的话，上海全市平均回收投资需要 **522 个月**，折算下来，只有约 **2.3%** 的收益。而这种格局的维持，必须有赖于购房者对上海的房价上升的持续预期。也就是说，在上海，投资房产绝不是利率收益，而是预期收益。

那么大家不禁要问了，参考国际惯例不是 200～300 个月吗？那 522 个月的上海，仅靠预期收益，其房价是否有泡沫呢？

答案是：我不关心。

是的，即使租售比能够在某种程度上代表房产潜在的泡沫程度，这对于像我这样的一般购房者而言也毫无意义。为什么？很简单，买房是刚需啊。对于刚需购房者而言，他们需要做出的权衡并不是是否买房；而是怎么购买一个泡沫小、风险低、收益预期高的房子。因此，我并不关心全上海的售租比包含多少绝对意义上的泡沫概念。我关心的问题是：

上海具体哪些房子的相对意义上的资产泡沫小一些？

我们先以户型分类，可以看到图 3-153。

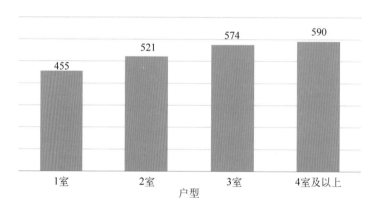

图 3-153　上海房屋单价售租比

总体而言，售租比随着套型的增大而增大。其中 1 室户的租售比最低，中位数值为 455 个月，低于上海的全市值 522 个月，相对比较健康。而 4 室以上的豪宅则达到了 590 个月。

毫无疑问，这个结果令只买得起 1 室户的我十分欣喜（是的，这个分析毫无必要）。

那么,接下来的问题是,哪些区域售租比较低呢?

在看租售比的空间分布前,我们先研究一下房价和房租的空间分布。先看图 3-154。

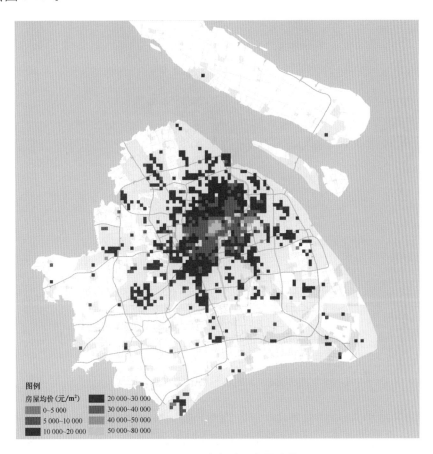

图例

房屋均价(元/m²)
- 0~5 000
- 5 000~10 000
- 10 000~20 000
- 20 000~30 000
- 30 000~40 000
- 40 000~50 000
- 50 000~80 000

图 3-154　上海各地区房屋均价

这是上海全市房价的空间分布。

上海各地区房屋平均租金分布图见图 3-155。

这是上海房租的空间分布。

可以发现,两者均表现为明显的向心性的圈层特征,而且分布的模式也基本一致。

那么售租比呢?请看图 3-156。

毫无疑问,既然房价和租金在空间上表现为同质的圈层模式,那么作为两

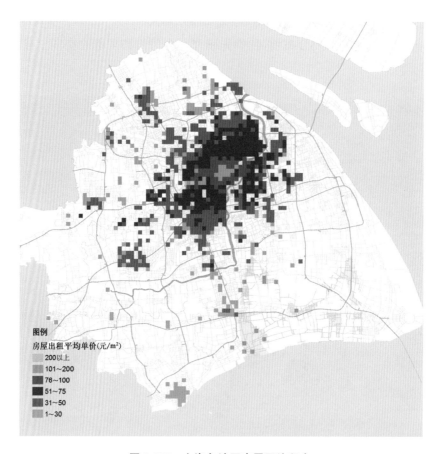

图 3-155　上海各地区房屋平均租金

者相除的结果,售租比自然抹去了向心性的圈层分布特征,呈现出相对均质的扁平化分布特征,基本上看不出什么明显的特征。

那么,在这张混乱斑驳的图纸下面,到底隐藏着哪些因素影响了售租比呢?

理论上说,在一个完全理性的房产市场上,租金更多地体现出其功能性,因此,售租比应该与每个地块轨道交通可达性、是否学区房、就业密度以及高学历人口比例、人口密度等空间因素有关。

而在现实当中呢?是否如此?我们将这些因素分别代入到租售比模型当中,得出一堆枯燥的统计学数字之后,结果出来了。请看表 3-15。

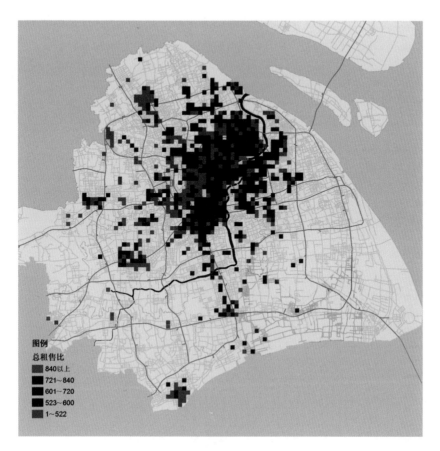

图 3-156　上海各地区房屋总租售比

表 3-15　租售比与各因素关系

指　标	相关性	显著性
人口密度	0.051	0.190
就业密度	−0.035	0.364
产业结构	−0.059	0.128
学区房	−0.031	0.428
轨交	0.064	0.102
路网	−0.014	0.729
餐饮	−0.098	0.052

这张表是什么意思？用简单一句话来解释：在上海全市层面，无论是学区房、轨交，还是就业密度、人口，上述因素与售租比的关联均不显著。

这是什么结论？难道这些经典理论中谈到的空间因素都不影响房屋租售比？这不科学啊！

别着急，我们的研究精神是百折不挠的。既然结果不显著，那么必然是某种变量没有被控制住嘛。让我们找到它。

会不会是空间距离的关系呢？

于是，我们又将每一个空间栅格的售租比按照距市中心的距离排序，制作出了图 3-157。

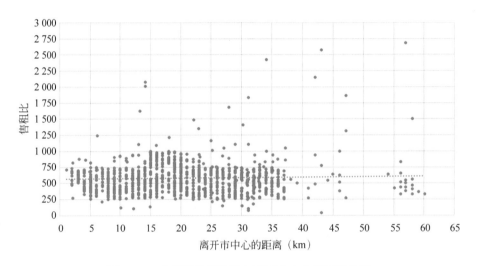

图 3-157　各栅格的租售比与离开市中心距离的关系

从图中我们可以看到一个鲜明的规律：租售比的数值虽然并不随着空间距离增大或衰减，但其数值的离散程度却和空间距离有关。简单来说：

售租比越远离市中心越离散，越靠近市中心则越收敛。

其分界线是在 20～30km 处，差不多就是上海中心城区和郊区的分野。是的，上海的租售比格局就是呈现这样一种"中心城区——郊区"分化特征的。

在获得这个认识后，我们再将轨交、学区、人口、就业等要素分为中心城区和郊区两个区间，分别代入租售比模型中，便可以得到表 3-16。

表 3-16　城郊租售比与各因素关系

指　　　标	中心城区		郊　　区	
	相关性	显著性	相关性	显著性
人口密度	0.048 8	0.46	0.056 9	0.583 8
就业密度	−0.151*	0.021 4	−0.077 4	0.456 1
产业结构	−0.312**	0.000	−0.000 7	0.994 7
学区房	0.020 4	0.757 2	−0.017 2	0.868 7
有轨交站点	−0.044 8	0.498 2	0.021 6	0.835 4
路网密度	−0.128 8	0.050 5	−0.006 9	0.947
餐饮价格	−0.179**	0.006 3	0.111 9	0.280 1

注：＊表示显著性水平；＊代表在 0.05 的水平上显著；＊＊代表在 0.01 的水平上显著。

用一句话解释一下吧：

中心城区的餐饮价格、就业岗位密度、产业结构这三个指标与房屋售租比有显著的相关性。总体来说，但在中心城区内部，人少岗位多、生产性服务业比例高、餐饮价格高的地方售租比会更低。但是这种关系在郊区并不成立。

售租比的空间逻辑背后意味着什么？

简单来说，与空间距离变化相关的租售比离散程度变化说明了：中心城区的房产市场对空间因素的响应更加敏锐，而郊区则迟钝得多。这在某种程度上暗示着，在上海的郊区房产市场上，租金市场和住房市场可能是不重合的。

从理论上看，对于上海这个城市而言，租金市场往往是本地化的，更注重房屋的功能性，就近的就业密度、产业结构、餐饮价格等与之有紧密关联；但是，住房市场却是全市（国）性的，包含了很强的投资性，而对于投资性购房者而言，他们看中的并非是租金收入而是预期收益，因而其选购房屋和当下周边的设施、就业密度、产业结构、餐饮价格等的关联度就差了一些。

将这一理论假设回应到现实的结果中，我们就可以得出这样一个结论：

中心城区的房屋售租比的离散程度低，对空间因素的响应也更合理，说明该地区租房市场更成熟，房屋价格中包含的功能性价值也更强；而郊区的房产市场离散程度高，对空间因素无响应，说明该地区租房市场发育较弱，而房屋价格中包含的功能性较弱，相应地更依赖投资性(或者叫预期性)价值。

所以，在一栋房子所包含的价格中，究竟是功能性价值更安全，还是投资性(预期性)价值更安全呢？这个答案就不言而喻了。

写到这里，我默默地在朋友圈里翻了一遍，发现在郊区买房的朋友其实还真不少。其实不只是我，大概每个漂在上海的人都有那么几个朋友、亲戚或者同事吧。那些年，连夜排队、摇号购房的狂热景象刺激了很多买不起市中心的房子，但工资又没有房子涨得快的白领们。他们有些人选择在郊区买了房，也许目的并不是居住，而是在一轮风起云涌的大泡沫开始翻滚的时候，以正常人的理性选择来买一个泡沫而已。

那么现在呢？房价进入滞涨时代，上海的人口也进入了严控总量的历史阶段。此情此景下，人们是选择回归郊区的居住，还是卖掉郊区的房子然后努力置换到离工作岗位更近的市中心？我身边更多的案例往往是后者。

事实上，我并不知道上海的房地产市场泡沫有多大。我只知道，无论它是不是，我们这些漂在上海的人也都会奋不顾身地去买一个泡沫。问题在于：

你是希望选择一个涨得更大的泡沫，还选择一个破了之后不会溅到自己一身一脸的泡沫呢？

这是一个属于每一个人自己的选择。

对了，很多北京的朋友总是向我咨询北京的问题。说实在的，首都的问题高深莫测，一直无法摸到门径。但今天简单看了一眼，根据 2015 年 4 月的数据，**北京的全市售租比中位数是 555 个月，比上海还要多 33 个月。**

附录 1:

我们是怎么学会玩城市数据的？

看完本书的您，不知道对数据团有何想法？

您可能觉得挺有趣，可能觉得挺神奇，可能觉得挺无聊……事实上，目前我们收到的最中肯的评价是——一本正经的胡说八道。

虽说这个时代的万事万物均有着被娱乐化的趋势，虽说我们的文章中不乏脑洞大开的例子——但在一开始的时候，我们给自己的定位是很严肃的。

怎么个严肃法呢？

我们依托高校背景，为政府决策提供服务。

那么，我们是如何沦落到一本正经的胡说八道的地步的呢？

让我们把时钟拨回 2014 年 6 月。

数据团接收到一个数据研究任务，是上海市某政府部门委托的人口规模研究课题。

对了，那时候还没有数据团，只有一个热爱数据分析的小团队。

怀着对美好未来的希冀热望，秉持作为研究人员的科学素养，我们完成了这个任务，交出了一份评审专家认为"有理有据令人信服"的答卷。

不久以后，我们又陆续接到了关于产业布局、交通规划、城市潜力等多个城市发展主题的研究委托。

我们以为，团队的研究成果和研究能力得到了认可，以为可以就这样一直为上海市的发展建言建策。

作为城市研究者的我们，前景看上去一片美好。

然而，我们后来发现，由于包含一些较为敏感的观点，那份关于人口规模的研究成果并没有传达到委托我们做课题的、最应该看到这份报告的、有能力对上海市的人口规模产生影响的决策者手中。

我们的研究或许并不完善，但它存在的价值绝不只是被积压在厚厚的档案室里，与其他许多文件一起，直到落满灰尘，也不会再有人想起。

失望、失落、愤怒、不甘心……

我们想要有自己的媒体平台，发出自己的声音。让观点暴露在阳光之下，被传播、被讨论，去获得它应有的影响力。

于是，在 2015 年 2 月，我们注册了"城市数据团"的微信公众号和"团支书"的知乎账号。

最先发布的几篇文章都是基于已完成的课题研究，比如《人口疏解，让城市更拥堵》和《控制人口，开给上海的一剂毒药》。

传播效果还不错，获得了几万的阅读量，并在我们所属的城市规划领域引起了热议，《上海城市规划》杂志甚至辟专栏对我们的文章进行了讨论。

这些文章，也终于传达给了我们最希望传达到的人。

就这样，我们踏入到数据媒体领域。

这一时期的文章内核和行文风格都相当严肃，帮助我们在特定领域迅速积累了一批读者。

通过与读者的交流，我们发现他们大多是城市规划领域的学者和研究生，跨领域的很少。

我们疑惑了，城市的发展难道不是跟每一位市民息息相关的吗？为什么我们的文章得不到普通市民的关注呢？

于是，我们把文章拿给一些其他学科背景的朋友看。

朋友说："你们研究的问题跟我有什么关系呢？而且专业术语我也看

不懂。"

于是我们意识到，尽管城市问题与每个市民息息相关，但我们在写作这些文章的时候，仍然是站在学者为政府建言的立场，并没有从普通民众和日常生活的角度去审视这些观点和数据。而想要获得更多的读者，我们必须以一颗更平常的心去感受城市。

于是，我们尝试创作了一系列"普通人也会感兴趣且能看懂"的文章，包括《逃离你终将衰落的家乡》《淘宝改变了哪些城市》《遥不可及的学区房之梦》等。

这种尝试在现在看来是比较成功的。这些文章为我们带来了更多的关注，更多的反馈，更多的支持，更多的质疑。无论是赞美、批评抑或吐槽，我们都带着感激之心认真阅读，一一回应却是不可能了。

文章一旦写出，作者便已死去。

新的数据和新的认知接踵而至，生活仍将继续，而我们将继续前行。

是的，我们对自己的定位并不是成为某个领域的学术大师。阳春白雪固然令人钦佩，但我们更想做回普通人。如果非要说有什么特殊的地方，那就是，我们是一群在工作和学习的闲暇，玩玩数据、写写文章的数据爱好者。

人活着呢，最重要的是开心和创新。

除了写文章，我们还能做什么？有没有新的数据玩法？

正在我们思索这个问题的时候，"拍照测颜值""拍照测年龄"等小游戏正以迅雷不及掩耳盗铃儿响叮当之势迅速占领地球人民的手机。

然而我们发现，这种小游戏有一个巨大的缺陷：结果全部由计算机生成，缺乏人与人之间的交流互动。于是我们想到，有没有可能设计一款小游戏，让人给人的颜值进行评价呢？

于是我们开始了这个伟大的 P2P 互联网实验，名为颜值地图。

游戏规则非常简单：玩家给我们的微信号发送照片和地理位置，系统会找到最近的三个其他玩家为照片匿名打分，并撰写 10 个字以内的评语。

我们一共收到了来自 619 位玩家的 2 413 条有效信息，他们的地理位置遍布世界各地，甚至有一位来自南极洲的兄弟，当然它也可能是一只拥有智能手机的企鹅。

我们还分析了复旦、同济、北大三所高校的颜值分布。像未名湖畔、艺术馆、体育馆这些地方，颜值都是比较高的。颜值低的人在哪里呢？图书馆和教学楼。同学们，人丑就要多读书啊！

除此之外，我们还发现尽管绝大多数玩家参与活动的次数只有 1～2 次，但也有 5 位狂热爱好者提交了 50 张以上的照片！甚至于，在我们的公众号关闭"颜值地图"功能的一个月以后，还有玩家给我们发来照片。

我们对玩家进行了匿名处理以后，将颜值地图获得的数据公开发布，任何人都可以索取和下载。

我们觉得，这次实验是很成功的。这就是互联网世界的魅力所在吧，一个好的点子＋抢在别人之前实现，就可能获得广泛的传播。

在我们不断探索数据玩法的过程中，也有越来越多的合作方找到我们，愿意为我们提供企业级数据。也有越来越多的研究者找到我们，希望由我们提供数据，来做一些基于学术的或者兴趣的研究。

而我们也逐渐意识到，城市数据研究的最大乐趣，在于分享。

当你分享了一组数据，就会有更多的人可以利用这组数据来进行研究，来发现更多有趣有价值的东西。当你分享了一个有趣的观点，就能够让更多的人感到愉悦、受到启示、产生对数据的兴趣和热爱。

我们逐渐清晰了自己的定位和运作模式。数据团将致力于成为一个连接数据提供方和数据分析者的平台，让更多的人感受到城市数据的魅力、让更多的人加入到城市数据的研究。

我们坚持两个原则：

中立原则。我们既不收取数据提供方的任何费用，也不接受命题写作。我们坚持自主选题和零广告，实事求是地让数据说话。

社群创作原则。我们希望由不同专业背景的研究者进行不同主题的数据研究，而由我们选取他们研究中较为有趣的部分，经过简化和包装以后，以有趣易懂的语言形式发表。

秉持这两条原则，我们与多个平台和多位研究者展开合作，完成了若干篇小文章。这其中包括与大众点评研究院合作的《如何面对平庸的人生》、与阿里研究院合作的《价值 10 亿美元的养猪 O2O 计划》、与 TalkingData 合作的《魔都高富帅猎捕指南》《哪些公务员最辛苦》、与银联智惠合作的《你的消费水平给上海拖后腿了吗》《如何像白富美一样生活》、与小猿搜题合作的《谁说好好学习就不是童年》、与同策房产咨询合作的《上海的房子都被谁买走了》、与道融自然保护与可持续发展中心合作的《上海的水源安全吗》等。

数据团在过去、现在和未来都会是一个非营利的数据爱好者和研究者的媒体平台。

我们热切地希望更多的人把城市数据的分析作为兴趣，借助数据更好地认识城市、更好地在城市中生活。我们也希望有更多的玩法，让数据研究更加有趣、有料、有深度。

毕竟，城市数据的时代才刚刚开始。

附录 2:
城市数据团工作方法简介

城市数据团是一个游走在严肃与娱乐之间的原创性数据自媒体,由数据爱好者进行内容的生产。我们分享出自己的工作方法,希望能对数据分析的初学者和致力于数据文章创作的朋友有些许助益。

一、数据分析和文章写作流程

进行数据文章创作的第一步,是选择大致的研究方向。一般来说,如果不是对该研究领域非常了解,选题不宜太过具体。否则,将很容易错过或忽略其他有意思的结论。研究方向的选择应综合考虑研究需求、时效性、趣味性和可行性。选好研究方向之后,列出可能会用到的数据和研究方法,并通过各种渠道获取数据。

获取数据之后的数据预处理是非常重要的。数据预处理包括数据清洗、数据集成、数据变换、数据归约等。数据预处理可以大大减少数据分析和数据挖掘过程中可能遇到的数据质量问题,从而提高效率。

预处理以后,可以对总体情况进行简单的统计。其目的是了解每一个数据字段的基本属性、频率分布、随着时间或地域的变化趋势,以及寻找多个字段间可能存在的交互影响。通过上述分析,应该可以发现一些有趣的或者奇怪的结论,从而得到一些较为具体的、值得进一步研究的选题。

在选好题目以后，就可以对每个题目依次进行分析解答了。然而，往往并不是每一个题目都能够得到令人满意的结果。此时，便需要对题目进行取舍。如果问题出在数据，便调整数据，若问题出在方法，便调整方法。然后再次进行分析，看看问题是否得到解决。若遇到以下情况，可以考虑放弃该选题：不明确问题出在哪里、问题在于选题本身、调整的难度和代价太大、有其他不可控因素、其他选题具有明显的优势。

当我们通过上述步骤获得了一系列的结论，且结论鲜明可靠、逻辑关系清晰时，便可以开始文章的撰写了。事实上，文章撰写和数据分析往往是相辅相成、同时进行的。数据分析时，脑中应有腹稿，明白每一组数据和图表反映了什么内容；而文章撰写时，也应对逻辑走向和数据支撑有较为清晰的概念。文章风格应该为选题和结论服务。

以上流程可以归纳为附图 2-1。

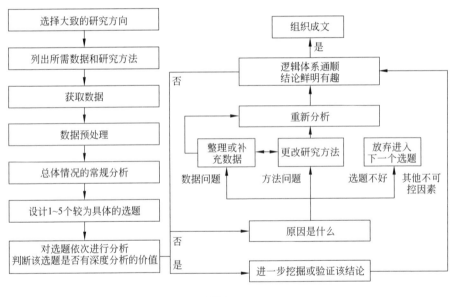

附图　2-1

二、主要数据类型和获取方式

在了解了数据分析流程以后，大家最为关心的问题一定是，都有哪些数据？数据从哪里来？

根据我们的媒体工作经验，可以将数据按来源简单分为以下四类。

1. 权威机构公开发布数据

主要指各国各级政府公开发布数据、联合国各机构公开发布数据、综合性或特定行业的权威机构公开发布数据等,一般可从该机构网站或特定渠道获取。例如,在我们的《逃离你终将衰落的家乡》一文中,使用了全国第六次人口普查数据;在《一个价值 10 亿美元的养猪 O2O 项目》中,使用了中国统计年鉴的数据。

2. 互联网开放数据

包括微博、淘宝、百度、大众点评等平台上支持公开浏览和查询的数据信息,可通过手动下载或爬虫爬取。爬虫指的是按照一定的规则,自动抓取互联网信息的程序或者脚本。例如,在《月薪多少才配坐高铁》一文中,使用了火车票销售平台数据;在《下雨天外卖会更多吗》一文中,使用了天气监测数据。

3. 企业级数据

由企业掌握的行业数据或客户数据,可通过与企业的合作获取。一般而言,此类数据需进行抽样、聚合和脱敏处理。我们的多篇文章,如《魔都高富帅猎捕指南》《你的消费水平给上海拖后腿了吗》《上海哪所高校的吃货最幸福》等,均使用了企业数据。

4. 调研数据/众筹数据

自己发起活动,向特定群体收集数据。例如,《高颜值的人都在哪里》一文的数据收集自我们自行开发的微信小游戏"颜值地图"。这个游戏的基本思路是,由玩家上传照片和地理位置,由离其最近的三位玩家对照片进行评分,从而积累和沉淀下原始数据。

以上四类数据各有优缺点,见附表 2-1。

附表 2-1　四类数据的优缺点

类型 特点	覆盖面广	时效性强	自主性强	成本低	质量高	可回溯
政府数据	√			√	√	√
开放数据	√	√	√	√		√
企业数据		√			√	√
众筹数据		√	√			

在实际的数据分析和文章创作过程中，应当根据研究内容的需求和可获得性，选取适当的数据源。

三、主要分析工具

常用的数据分析工具包括 Python、R、SAS、stata、matlab、arcGIS、Excel 等。

以上工具中，Excel 属于常规办公软件。但如果能够善用函数、数据透视表、powermap、VBA 等一系列 Excel 自带功能，能够完成相当复杂的分析和可视化工作。

R、SAS、stata、matlab 都是专业性强、受认可度高、功能强大的数据分析和建模软件。此类软件的一大优点是有许多的内置数学、统计学和经济学模型，大大便利了我们的研究工作。不仅如此，程序包和接口的调用，更能使分析和建模工作如虎添翼。

Python 是一种编程语言，而且可能是最适合用于数据分析和数据挖掘的编程语言。在某些方面，Python 甚至被称为数据分析和挖掘的终极武器。

ArcGIS 及 ESRI 旗下的一系列产品强调地理信息系统的技术和服务，可以进行距离、缓冲区、连续性、核密度、OD 等多类地理空间关系的分析并提供解决方案。

数据爱好者们可以根据自己的研究需求和能力水平，选择合适的工具。

四、分析方法

在获取了数据、选择了合适的分析工具以后，接下来就是正式展开数据分析的工作了。适用于个人兴趣创作和媒体内容生产的数据分析方法大致包括以下五类。

1. 简单数理统计

包括样本数量统计、数据缺失情况统计、样本分布情况、数据标准化处理、平均值、分位数、方差、指标在时间和空间上的变化趋势比较等。

样本数量统计、缺失统计、分布情况统计是获取数据之后首先要进行的工作，属于数据预处理的范畴，目的是对数据量级和数据质量有总体上的掌控。

数据标准化处理、平均值、分位数、方差、指标在时间和空间上的变化趋势比较等属于简单的统计。所有的统计分析软件，以及多款 BI 软件都支持上述分析。通过这些简单的分析，可以为选题提供线索、并作为进一步分析和挖掘的基础。

2. 现有分析模型的应用

常用模型包括 t-test、ANOVA、Correlation、Regression、Spatial Regression、PCA、Cluster、Decision Tree、SVM、Neural Network 等。在研究中，以上方法或模型往往需要进行复合应用。

数理统计和数学模型可以应用于每一个研究，但具体的方法和参数不一定要出现在文章正文中。毕竟，作为一个面向普通大众的媒体，读者的文化水平和专业领域各不相同。为了保证文章的可读性和趣味性，不得不牺牲一些专业性。

3. 自己设计指标

为了增加研究的趣味性，我们常常需要自己设计一些指标。例如，在《谁说好好学习就不是童年》一文中，我们设计了"拔苗助长指数"和"拖延症指数"；在《比娱乐圈更乱的，是长三角城市圈》这篇文章中，我们设计了"恋家指数""相亲相爱指数""单相思指数"等。这些指标的算法设计往往并不复杂，却能够帮助读者迅速理解文章想要表达的内容。

4. 现有数学模型的改进或新模型的建立

当现有分析模型无法满足你想要做的研究时，可以自己对模型进行改进或设计。这一步对专业知识和建模能力有较高要求，也较为费时。例如，在《游遍全国，我们的假期够吗》一文中，我们使用了梯度下降法＋遗传算法，计算出游遍全国所有 5A 景区需要花费的时间。

5. 数据可视化

根据数据结构和想要突出显示的内容，选择合适的可视化方式。力图做到内容清晰、信息完整明确、简洁美观。

在本书的结尾，跟大家分享一些城市数据团一路走来的心得体会。

数据团认为，在数据研究中，最最重要的始终是热情和创意。好的点子不常有，而能够表征这个点子的数据、分析这些数据的工具则比比皆是。如果你有着用数据探究某个问题的愿望、有着基本的数据处理技能，就可以行动起来。在数据分析过程中，思考问题、搜集数据、整理分析、提出新问题、学习新技能等多个阶段总是交替出现的。

换句话说，想要写好一篇数据类文章，或者做好一个数据分析，最最需要的是一颗想要通过数据认识世界的心；其次是一个创造性的脑洞；然后是严谨的逻辑；最后才是数据和技术。

最后，祝愿所有的数据爱好者都能找到适合自己的学习和工作方式。

联 系 我 们

微信公众号：城市数据团（id：metrodatateam）

知乎：团支书

电子邮箱：tuanzhishu@metrodata.cn